中等职业教育改革创新示范教材
中等职业教育电子与信息技术专业课程教材

传感器原理与实训
项目教程

主　编：彭学勤

U0292675

外语教学与研究出版社
北京

图书在版编目（CIP）数据

传感器原理与实训项目教程 / 彭学勤主编 . — 北京 ：外语教学与研究出版社，2011.9
（2022.7 重印）
中等职业教育改革创新示范教材
ISBN 978-7-5135-1334-0

Ⅰ．①传… Ⅱ．①彭… Ⅲ．①传感器 – 中等专业学校 – 教材 Ⅳ．①TP212

中国版本图书馆 CIP 数据核字 (2011) 第 194506 号

出 版 人　王　芳
项目策划　吕志敏
责任编辑　牛贵华
封面设计　彩奇风
出版发行　外语教学与研究出版社
社　　址　北京市西三环北路 19 号（100089）
网　　址　http://www.fltrp.com
印　　刷　北京虎彩文化传播有限公司
开　　本　787×1092　1/16
印　　张　14
版　　次　2011 年 9 月第 1 版 2022 年 7 月第 8 次印刷
书　　号　ISBN 978-7-5135-1334-0
定　　价　35.00 元

职业教育出版分社：
　　地　　址：北京市西三环北路 19 号 外研社大厦 职业教育出版分社 (100089)
　　咨询电话：010-88819475
　　传　　真：010-88819475
　　网　　址：http://vep.fltrp.com
　　电子信箱：vep@fltrp.com
　　购书电话：010-88819928/9929/9930（邮购部）
　　购书传真：010-88819428（邮购部）

购书咨询：（010）88819926　电子邮箱：club@fltrp.com
外研书店：https://waiyants.tmall.com
凡印刷、装订质量问题，请联系我社印制部
联系电话：（010）61207896　电子邮箱：zhijian@fltrp.com
凡侵权、盗版书籍线索，请联系我社法律事务部
举报电话：（010）88817519　电子邮箱：banquan@fltrp.com
物料号：213340101

前　言

　　本教材为中等职业学校专业课程教学用书，编者根据国家劳动和社会保障部颁发的《传感器应用专项职业能力考核规范》中的能力标准与鉴定内容，依据对相关职业的分析和相应的岗位职业能力要求，按照"以就业为导向，以能力为本位，以职业实践为主线，以项目课程为主题的专业课程体系"的总体设计要求，运用理论与实践一体化方式，由在教学一线具有丰富实践经验的骨干教师和生产一线的企业骨干共同策划、编写而成。本教材主要特点如下。

　　（1）在总的教材结构上，采用"项目、任务"模式编写，构建以职业岗位工作过程为导向，以培养职业岗位和职业能力为目的的项目课程。传感器种类繁多，分类方法也不尽相同，为使学生易于理解和掌握传感器的功能及应用，教材按照传感器的工作原理编写每个项目。

　　（2）每个项目以工业生产中使用的传感器为主线，围绕着传感器在工业领域检测、控制系统中的作用，全面介绍了传感器的工作原理、结构特征、测试电路以及安装检测、选型。

　　（3）针对中等职业学校学生的认知特点，在每个项目的内容组织上，文字叙述简洁、通俗易懂，采用框图、表格形式，简化理论知识，避免使用过多公式及电路分析，重点放在大量工程应用的选材上，列举目前工农业生产中所使用的传感器，同时配有大量实物图片，以便更加贴近工程实际，提高学生认知能力，加深对理论知识的理解。

　　（4）教材立足于技能实训，在充分调研、分析企业岗位需求及工作任务的基础上，突出了职业能力本位。训练内容以及项目学习评价中，有机地嵌入了职业标准，增加了与职业岗位密切相关的传感器选型、安装及检测等内容，旨在训练学生对传感器的识别检测能力，培养学生对传感器安装、选用能力，通过各技能训练，可以提高学生动手能力，培养学生的职业能力，实现学生在做中学、教师在做中教，理论、实践教学一体化的办学思想。

　　（5）加强就业导向，项目内容涵盖了典型工作任务、实践问题，反映工作逻辑。项目评价中加入了安全文明生产和职业素质培养内容，注重学生质量意识、安全意识、市场意识、环保意识的培养，充分反映了职业道德、安全规范等方面的要求，同时还加入了小组评价方式，以培养学生的合作沟通意识。

　　（6）紧跟行业发展趋势，项目内容中及时反映新知识、新技术、新工艺、新材料、新设备、新标准和新方法。

　　（7）项目内容由简到繁，由易到难，循序渐进，梯度明晰，教材配有大量理论知识和技能训练的思考题，通过练习，检验学生对基本知识的掌握情况，巩固所学的理论知识和技能。

　　（8）本教材的编写人员中，有2名在企业工作了十几年的教师，他们熟悉行业、企业职业需求，了解企业所需人才的专业素质构建要素。编写过程中，还与多家企业进行了紧密合作，参考了行业、企业与技术名家的意见，获取这些企业和国内电子行业的新知识、新工艺，得到了现场技术专家、现场管理人员、能工巧匠的指导，使教材更加适合职业岗位对于人才培养的要求。

全书分为 11 个项目，其内容包括：认知传感器、应变式电阻传感器、电容式传感器、电感式传感器、压电式传感器、超声波传感器、霍尔传感器、温度传感器、湿度传感器、光电传感器、气敏传感器等，《传感器应用专项职业能力考核规范》、《化工仪表维修工国家职业标准》等内容安排在附录，便于学生查阅。

本教材计划学时为 60 学时，各项目学时分配可参考下表，在实施中任课教师可根据具体情况进行调整和取舍。

学时分配参考表

序　号	内　容	学　时		
		理论学时	技能实训学时	项目总学时
项目一	传感器的认知	2	2	4
项目二	应变式电阻传感器的认知	4	2	6
项目三	电容式传感器的认知	4	2	6
项目四	电感式传感器的认知	6	2	8
项目五	压电式传感器的认知	2	2	4
项目六	超声波传感器的认知	2	2	4
项目七	霍尔传感器的认知	2	2	4
项目八	温度传感器的认知	6	2	8
项目九	湿度传感器的认知	2	2	4
项目十	光电传感器的认知	6	2	8
项目十一	气敏传感器的认知	2	2	4
	总学时	38	22	60

本教材由河南信息工程学校高级工程师、高级讲师、高级技师、河南省学术技术带头人、河南省文明教师彭学勤主编。彭学勤负责设计本教材的结构框架、统稿、编写组织等工作，同时编写了项目一、项目二和项目七，河南信息工程学校工程师李峡编写了项目三和项目四，河南信息工程学校讲师罗敬编写了项目五和项目六，郑州工业贸易学校高级讲师张皓明编写了项目八和项目九，河南省轻工业学校高级讲师黄伟琦编写了项目十和项目十一。本教材由河南信息工程学校高级工程师、河南省学术技术带头人王国玉审定。

在本教材的编写过程中，得到了相关学校领导和同事的大力支持和帮助，在此，对他们表示衷心的感谢！同时感谢许多同行、亲友在本教材编写过程中的鼎力相助！感谢此书撰写过程中所参阅著作和文献资料的作者们给予的灵感和构想。

为方便教学，本教材配有免费电子课件、习题解答、教学大纲等，可在外研社职业教育网资源中心下载，网址为 http://vep.fltrp.com/resource.asp。

由于编者水平有限，加之时间仓促，书中难免有疏漏之处，恳请广大读者提出宝贵意见。

编　者
2011 年 7 月

目　　录

传感器的认知

我们曾经有这样的经历：在公共卫生间洗手时，手一旦靠近水龙头，水龙头就会自动出水——这就是传感器在起作用。自动水龙头如图 1-1 所示，图 1-2 所示为反射红外传感器原理示意图。

图 1-1　自动水龙头

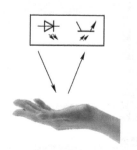

图 1-2　反射红外传感器原理示意图

红外式水龙头的控制过程是：当人的手接近自动水龙头时，红外发光二极管发出的红外光被手反射回红外接收管，接收管接收到反射光信号，并将该信号送入内部电路，经内部电路处理后，最后由驱动电路控制电磁阀动作打开水源。当手离开自动水龙头时，红外光不再被反射，接收管接收不到反射光，电磁阀自动关闭水源，水龙头也就不再流出水。

学习目标		学习方式	学时
技能目标	① 认识工农业、日常生活各领域中的传感器，了解它们的作用； ② 会根据现场条件及所要测试的参数合理选择传感器	学生实际操作和领悟，教师指导演示	2

	学 习 目 标	学 习 方 式	学 时
知识目标	① 掌握传感器的定义、组成及分类； ② 了解传感器的基本特性； ③ 掌握传感器在自动控制系统的作用； ④ 了解传感器的发展方向	教师讲授、自主探究	2
情感目标	① 培养观察与思考相结合的能力； ② 培养使用信息资源和信息技术手段去获取知识的能力； ③ 培养分析问题、解决问题的能力； ④ 培养高度的责任心和精益求精的工作热情，以及一丝不苟的工作作风； ⑤ 激励对自我价值的认同感，培养遇到困难决不放弃的韧性； ⑥ 激发对传感器学习的兴趣，培养信息素养； ⑦ 树立团队意识和协作精神	网络查询、小组讨论、相互协作	

项目任务分析

传感器在工农业生产中有着举足轻重的作用，传感器的使用标志着一个国家科学技术的进步。通过本项目技能训练及理论学习，要求认识各个领域中的传感器，掌握传感器的基本概念、特点、作用、组成以及传感器的基本功能特性，了解传感器的分类，了解传感器现状和发展趋势。

任务一　认识各领域中使用的传感器

"传感器"最早来自"感觉"一词，人们用眼睛看，可以感觉到物体的形状、大小和颜色；用耳朵听，可以感觉到外界的声音；用鼻子嗅，可以感觉到气味；用舌头尝，能感觉到味道；用手触摸，能感觉到物体的软硬、冷暖。视觉、听觉、嗅觉、味觉和触觉器官是人感觉外界刺激所必须具备的感官，称为"五官"，它们就是天然的传感器。

传感器是人类通过仪器探知自然界的触角，它的作用与人的感官相类似。如果将计算机视为识别和处理信息的"大脑"，将通信系统比作传递信息的"神经系统"，将执行器比作人的肌体，那么传感器就相当于人的五官。

从字面上来看，传感器不但要对被测量的对象敏感，即"感"，而且还具有把传感器对被测量对象的响应传送出去的功能，即"传"，因此传感器通常又被称为变换器、转换器、检测器、敏感元件、换能器和一次仪表等。如果没有传感器对原始信息进行有效的转换，那么一切准确的测量将无法实现。

传感器技术、通信技术、计算机技术构成了信息产业的三大支柱。随着科学技术的迅速发展和生产过程的高度自动化，传感器不仅充当着计算机、机器人、自动化设备的感觉器官及机电结合的接口，而且已渗透到人类生产、生活的各个领域。

一、日常生活中使用的传感器

在日常生活中，各种家用电器的自动化离不开传感器技术的应用，空调的制冷、制热以及电饭煲的加热、保温等都受温度的控制，都要先通过传感器进行检测才能实现控制。

电视遥控器和麦克风都是日常生活中常见的适用传感器的例子，图 1-3 所示为家电中的传感器。电视机中的光电二极管检测遥控器发出的红外线，并将其变换成电信号以控制相应元器件的通断。传声器（俗称话筒、麦克风）则是将声音转换成相应电信号的装置。

光电二极管
接收红外线

遥控器
发出红外线

（a）电视中遥控器的应用　　　　　　　　　　（b）音响设备中的传声器应用

图 1-3　家电中的传感器

二、工业生产中使用的传感器

图 1-4 所示为食用油的自动化生产线。自动化生产线要保证食用油能准确地注入油桶，并能控制一定的重量，装完后能拧好顶盖，然后在合适的位置贴好商标。整个过程都需要通过仪器检测出油桶的位置，注油量、油桶盖的安装位置以及商标粘贴位置，以达到自动化控制的目的。

光电传感器

位置传感器

液位传感器

图 1-4　食用油的自动化生产线

现代化的生产过程中大都采用了自动计数系统，它轻而易举地解决了生产中工件数目繁多、难以计数的问题。图 1-5 所示为光电计数机，它运用了光电传感器，可实现自动计数、缺料报警及剔除不良计数工件的功能。

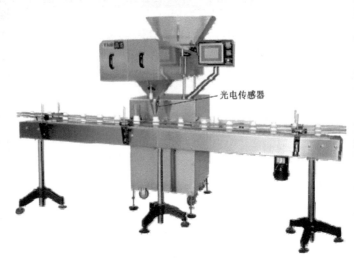

图 1-5　光电计数机

三、地震救助中使用的传感器

地震之后寻找生命迹象，及时、准确地将压在废墟下的伤员救出是当务之急。使用先进的探测设备可以圆满完成搜救任务，生命探测设备如图 1-6 所示。

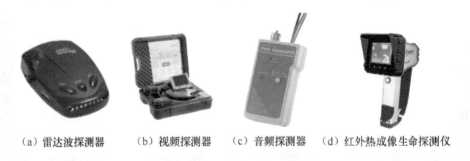

（a）雷达波探测器　　（b）视频探测器　　（c）音频探测器　　（d）红外热成像生命探测仪

图 1-6　生命探测设备

四、农业生产中使用的传感器

在农作物生长的整个过程中，可以利用各种传感器收集信息，以便及时采取相应的措施完成科学种植。例如，通过传感器测量土壤的成分以确定土壤应施肥的种类和数量；在植物的生长过程中还可以利用各种传感器来监测农作物的成熟程度，以便适时采摘和收获；可以利用气敏传感器进行植物生长的人工环境的监控，以促进光合作用；在蔬菜种植环境的监测中可以利用传感器进行灭鼠、灭虫等；还可以利用传感器自动控制农田水利灌溉。塑料大棚如图 1-7 所示，棚中种植操作就可多处使用传感器。

图 1-7 塑料大棚

五、汽车中使用的传感器

一辆普通家用轿车上所用的传感器有百余种之多，而豪华轿车上所用的传感器数量约有二百余种，显示仪表中可多达数十台，发动机上也有很多种，如温度传感器、压力传感器、旋转传感器、流量传感器、位置传感器、浓度传感器、爆震传感器等。在汽车轮胎内嵌入微型传感器，将压力传感器和微型温度传感器集成在一起，可同时测出压力和温度。微型传感器可以保证轮胎适当充气，避免充气过量或不足，从而可节约 10% 的燃油。再如，汽车上的雨量传感器隐藏在前挡风玻璃后面，它能根据落在玻璃上雨水量的大小来调整雨刷的动作，因而大大减少了开车人的烦恼。汽车中使用的部分传感器如图 1-8 所示。

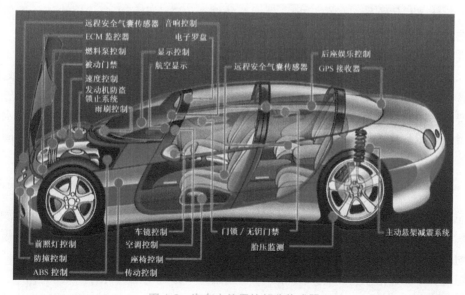

图 1-8 汽车中使用的部分传感器

综上所述，传感器技术的应用在发展经程度济、推动社会进步方面起着非常重要的作用。显然，系统自动化程度越高，对传感器的依赖程度就越大。传感器对系统的功能起决定性的作用，它的发展水平、生产能力和应用领域已成为一个国家科学技术进步的重要标志，如果没有传感器对原始数据进行准确、可靠的采集、检测，那么系统信息的转换、处理、传输和显示，乃至对被控制对象的控制都将失去意义。

任务二　了解传感器的概念及定义

一、传感器的概念

传感器是一种能把特定的被测量信息按一定规律转换成某种可用信号并输出的器件或装置，以满足信息的传输、处理、记录、显示和控制等要求。应当指出的是，这里所说的"可用信号"是指便于处理、传输的信号，一般为电信号，如电压、电流、电阻、电容、频率等。在家用电器中，电冰箱、微波炉、空调机有温度传感器，电视机有红外传感器，录像机、摄像机有光电传感器，液化气灶有气敏传感器，汽车有速度传感器、压力传感器、湿度传感器、流量传感器、氧气传感器等。这些传感器的共同特点是利用各种物理、化学、生物效应等实现对被检测量的测量。由此可见，在传感器中包含两个必不可少的概念：一是检测信号；二是能把检测的信息变换成一种与被测量有确定函数关系，而且便于传输和处理的量。例如，传声器（话筒）就是这种传感器，它感受声音的强弱并将其转换成相应的电信号；又如，电感式位移传感器能感受位移量的变化，并把它转换成相应的电信号。

随着信息科学与微电子技术，特别是微型计算机与通信技术的迅猛发展，近年来，传感器的发展走上了与微处理器、微型计算机相结合的道路，传感器的概念得到了进一步的扩充。如智能传感器，它是一种（通过信号处理电路）由微处理器、微型计算机所赋予的智能的、兼有检测信息和信息处理等多功能的传感器。可以预见，当人类跨入光子时代，光信息成为更便于高效处理与传输的可用信号时，传感器的概念将随之发展，并成为能把外界信息或能量转换成为光信号或能量的元器件。

目前，传感器的含义被不断扩充与发展，它与测量科学、现代电子技术、微电子技术、生物技术、材料科学、化学科学、光电技术、精密机械技术、微细加工技术、信息处理技术以及计算机技术等相互交叉渗透而成为了一门高度综合性、知识密集型的科学。区分各种高技术的智能武器、机器及家用电器的标准就在于其传感器的数量和它所包含的技术水平，所以传感器是智能高技术的前驱与标志，是现代科学技术发展的基础，也是衡量一个国家科技水平的重要标志。

二、传感器的定义

传感器的定义至今在国内、国外尚未统一。原机械工业部在所制定的《过程检测控制仪表术语》中对传感器的定义是"借助于检测元件接受物理量形式的信息，并按一定规律将它转换成同样或别种物理量形式的信息仪表"。在《新韦氏大词典》中定义："传感器是从一个系统接收功率，通常以另一种形式将功率送到第二个系统中的器件"。

根据国家标准（GB/T 7665 — 1987）《传感器通用术语》中对传感器的定义："能感受

规定的被测量并按照一定的规律转换成可用信号的器件或装置,通常由敏感元件和转换元件组成。其中,敏感元件是指传感器中能直接感受或响应被测量的部分;转换元件是指传感器中将敏感元件感受或响应的被测量转换成适于传输或测量的电信号部分。"由于电信号是易于传输、检测和处理的物理量,所以过去也常把将非电量转换成电量的器件或装置称为传感器。

由上述的定义可以看出,传感器的定义中包含以下信息。

(1)它是由敏感元件和转换元件构成的一种检测装置,能感受到被测量的信息,并能检测感受到的信息。

(2)能按一定规律将被测的量转换成电信号输出,以满足信息的传输、处理、存储、显示、记录和控制等要求。

(3)传感器的输出与输入之间存在确定的关系。对传感器的要求:高精度,信号(或能量)无失真转换,反映被测的量的原始特征。

任务三　了解传感器的作用、组成及分类

一、传感器的作用

在自动控制系统中,传感器是首要部件,是实现现代化测量和自动控制(包括遥感、遥测、遥控)的主要环节,它对于决定自动控制系统的性能起着重要作用。自动控制系统通常由传感器、测量电路、通信设备和输出单元等部分组成,如图1-9所示。

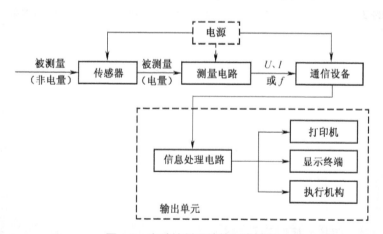

图 1-9　自动控制系统的组成框图

自动控制系统中,传感器的主要作用是将被测非电量转换成与其成一定关系的电量。但是,传感器的输出信号一般很弱且伴有各种噪声,因此需要通过测量电路将它放大,剔除噪声,选取有用信号并进行演算、处理与转换,并通过通信设备及传输通道将输出信号送到信息处理电路中。信号经处理后,再发出控制信号,驱动执行机构,对被控对象实现某种操作或显示输出,从而达到对系统进行控制的目的。

二、传感器的组成

传感器一般是利用物理、化学和生物等学科的某些效应或机理,按照一定的工艺和结构

研制出来的，因此，传感器的组成细节有较大差异。但是，总体来说，传感器的作用是把被测的非电量转换成电量输出，传感器的功能是"一感二传"，即感受被测信息并按照一定的规律转换成可用输出信号传送出去。传感器通常由敏感元件、转换元件两部分组成，如图 1-10 所示。传感器的核心部件是敏感元件，它是传感器中用来感知外界信息并转换成有用信息的元件。

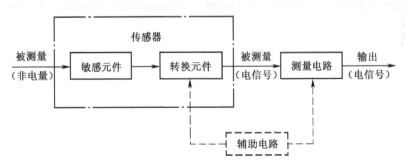

图 1-10　传感器的组成框图

1．敏感元件

敏感元件直接感受非电量，并按一定规律转换成与被测的量有确定关系的其他量（一般仍为非电量）的元件。例如，应变式压力传感器的弹性膜片就是敏感元件，它的作用是将压力转换成膜片的变形。

2．转换元件

转换元件又称为变换器。在一般情况下，它不直接感受被测的量，而是将敏感元件输出的量转换成为电量输出的元件。如应力式压力传感器的应变片的作用是将弹性膜片的变形转换成电阻值的变化，电阻应变片就是转换元件。

并不是所有的传感器都必须包括敏感元件和转换元件。如果敏感元件直接输出的是电量，它就同时兼为转换元件；如果转换元件能直接感受被测非电量并输出与之成确定关系的电量，此时，传感器也是敏感元件。敏感元件和转换元件两者合一的传感器很多，例如压电晶体、热电偶、热敏电阻、光电器件等都是这种类型的传感器。

传感器输出的电信号通过测量电路将电信号放大，并转换成便于显示、记录、处理和控制的有用电信号。测量电路的选择要视转换元件的类型而定，常用的测量电路有弱信号放大器、电桥、振荡器、阻抗变换器等。

随着科学技术的发展，传感器向小型化、集成化方向发展。利用先进的制作工艺，特别是微/纳米加工技术，传感器向超小型化方向发展。同时，它还向功能集成（多种传感检测功能的结合）、结构集成（把传感器同其预处理电路集成起来，甚至将 A/D 转换器件与发射装置等也集成在一起）和技术集成（多种技术的集成）方向发展。这样，传感器的各组成部分就不能明确地分为以上三个部分，可能是三者合为一体。

三、传感器的分类

由于传感器应用领域多、应用面广且品种和规格繁多，因此其构成相当复杂，为了更好地掌握、应用传感器，对其进行科学的分类必不可少。目前，传感器主要有4种分类方法，即根据传感器的工作原理、被测的量、能量关系以及输出信号分类。表1-1所示为传感器分类。

尽管表 1-1 列出的传感器分类有较大的概括性，但由于传感器的分类不统一，因此表中所列的分类很难完备，例如传感器还有按用途、科目、功能、输出信号的性质分类等方法。

表 1-1　传感器的分类

分类方法	传感器的种类		说　明
按工作原理分类	应变式、电容式、电感式、电磁式、压电式、热电式、光电式等		传感器按工作原理分类，将物理和化学等学科的原理、规律和效应作为分类依据
按被测量分类	压力式、位移式、温度式、速度式、加速度式、负荷式、扭矩式、光式、放射线式、气体成分式、液体成分式、离子式和真空式等		传感器以输入物理量的性质命名
按能量关系分类	能量转换型（有源传感器）	压电式、热电式（热电偶）、电磁式、电动式、压阻式等	传感器直接将被测量的能量转换为输出量的能量，通常配合有电压测量电路和放大器，用于动态测量
	能量控制型（无源传感器）	电阻式、电容式、电感式、微波式、激光式等	传感器本身不是换能器，被测非电量仅对传感器中的能量起控制或调节作用，必须有辅助电源供给传感器能量，而由被测量来控制输出的能量，用于静态和动态测量及非接触的测量场合
按输出信号分类	模拟式		传感器的输出为模拟量，要通过 A/D 转换器才能运用电子计算机进行信号分析加工与处理
	数字式		传感器的输出为数字量，可直接送到计算机进行处理

任务四　了解传感器的基本特性

在生产过程和科学实验中，传感器要对各种各样的参数进行检测和控制，这就要求它能感受被测非电量的变化并且不失真地变换成相应的电量，这取决于传感器的基本特性，即输出输入特性。传感器的基本特性通常可以分为静态特性和动态特性，如表 1-2 所示。

表 1-2　传感器的基本特性

传感器特性	参　数	定　义
静态	线性度	传感器的输出与输入之间成线性关系的程度，在使用非线性传感器时，必须对传感器输出特性进行线性处理
	灵敏度	传感器在稳态信号作用下输出量变化对输入量变化的比值
	分辨率	传感器在规定测量的范围内能够感知或检测到的最小输入信号增量

续表

传感器特性	参　数	定　义
静态	迟滞	在相同测量条件下，对应于同一大小的输入信号，传感器正、反行程的输出信号大小不相等的现象
	重复性	传感器输入量按同一方向作全量程连续多次测量时所得输出—输入特性曲线不重合的程度。重复性是反映传感器精密度的一个指标
	漂移	传感器在输入量不变的情况下，输出量随时间变化的现象
动态	响应速度	传感器的稳定输出信号在规定误差范围内随输入信号变化的快慢
	频率响应	传感器的输出特性曲线与输入信号频率之间的关系，包括幅频特性和相频特性

任务五　了解传感器的发展趋势

在信息时代，对于传感器的需求量日益增多，对性能的要求也越来越高。随着计算机辅助设计技术、微机电系统技术、光纤技术、信息理论以及数据分析算法不断迈上新的台阶，传感器技术的发展方向主要是开展基础研究，发现新现象，开发传感器的新材料和新工艺，实现传感器的集成化与智能化。

一、新材料的开发与应用

传感器是利用材料的固有特性或开发的二次功能特性，再经过精细加工而成的。传感器的制造材料和制造工艺是提升传感器性能和质量的关键。半导体材料在敏感技术中占有较大的优势，半导体传感器不仅灵敏度高、响应速度快、体积小、质量轻，且便于实现集成化，在今后的一个时期仍会占据主导地位。

以一定化学成分组成，经过成型及烧结的陶瓷材料的最大特点是耐热性，在敏感技术的发展中具有很大的潜力。

此外，无机材料、合成材料、智能材料等的使用都可进一步提高传感器的产品质量，降低生产成本。

二、新制造技术的应用

将半导体精密细微的加工技术应用在传感器的制造中可极大地提高传感器的性能，并为传感器的集成化、超小型化提供技术基础。借助半导体的蒸镀技术、扩散技术、光刻技术、静电封接技术、全固态封接技术，同样也可取得类似的效果。

三、新型传感器的开发

随着人们对自然界认识的深化，会不断发现一些新的物理效应、化学效应、生物效应。利用这些新的效应可开发出相应的新型传感器，从而为提高传感器的性能、拓展传感器的应用范围提供新的动力。

四、传感器的集成化

利用集成技术，将敏感元件、测量电路、放大电路、补偿电路、运算电路等制作在同一芯片上，从而使传感器具有了体积小、质量轻、生产自动化程度高、制造成本低、稳定性和可靠性高、电路设计简单、安装调试时间短等优点。

五、传感器的智能化

智能传感器是一种带微处理器的传感器，它兼有检测、判断和信息处理功能。将传感器与计算机的功能集成于同一芯片上就成为智能传感器，其特点是具有自补偿、自诊断、自校正及数据的自存储和分析等功能。

六、新一代航天传感器的研究

众所周知，在航天器的各大系统中，传感器在对各种信息参数的检测、保证航天器按预定程序正常工作等方面起着极为重要的作用。随着航天技术的发展，航天器上需要的传感器越来越多。例如，航天飞机通常上安装有 3 500 个左右的传感器，并且对其指标和性能都有严格的要求，小型化、低功耗、高精度、高可靠性等都是具体标准。为了满足这些要求，研究人员必须采用新原理、新技术研制出新型的航天传感器。

七、仿生传感器的研究

传感器值得注意的一个发展方向是仿生传感器的研究，特别是在机器人技术向智能化高级机器人发展的今天，更应该给予高度重视。仿生传感器就是模仿人的感觉器官的传感器，分为视觉传感器、听觉传感器、嗅觉传感器、味觉传感器、触觉传感器。目前，只有视觉与触觉传感器已应用于机器人中，其他几种还远不能满足机器人发展的需要。也可以说，至今真正能代替人的感官功能的传感器不多，需要加速研究，否则将会影响机器人技术的发展。

今后，随着 CAD 技术、MEMS 技术、信息理论及数据分析算法的发展，未来的传感器系统必将变得更加微型化、综合化、多功能化、智能化和系统化。在各种新兴科学技术呈辐射状广泛渗透的当今社会，传感器系统作为人们快速获取、分析和利用有效信息的基础必将得到进一步发展。

任务六　传感器的选择

一、根据测量对象与测量环境确定传感器的类型

要测量某种参数，需要根据被测量的特点和传感器的使用条件、量程大小、被测位置、测量方式、信号引出方法、接触式还是非接触式测量、在线与非在线测量等问题确定之后才能确定选用何种类型的传感器，然后再考虑传感器的具体性能指标。

传感器必须适用于所要使用的环境，尤其在危险地点和苛刻的环境，它必须满足相应要求。如果在危险区域内使用，仪器必须具有安全合格证。

二、根据测量要求确定传感器的性能指标

1. 灵敏度的选择

在传感器的线性范围内，尽量选择灵敏度高的传感器。但传感器的灵敏度高，与被测量无关的外界噪声也容易混入，从而会被放大系统放大，影响测量精度。

2. 频率响应特性的选择

传感器的频率响应特性是测量频率范围的主要决定因素，在频率响应范围以内，测量条件可以被保证不失真。传感器的频率响应越高，可以测量到的信号频率范围也就越大；而如果传感器的机械系统惯性较大，能测量到的信号频率就较低。

3. 线性范围的选择

传感器的线性范围决定了灵敏度的维持定值的范围。一般在确定传感器的类型之后，就要观察线性范围的大小。当所要求测量精度比较低时，在一定的范围内，可将非线性误差较小的传感器近似看作线性的，这会给测量带来极大的方便。

4. 稳定性的选择

传感器使用的稳定性，也就是传感器在使用过后依然保持一定测量灵敏度的能力。传感器的使用环境和本身的结构都对稳定性有很大影响，因此在考虑稳定性问题时要特别结合使用的环境，确定传感器是否适合在测量环境应用。

5. 精度

传感器的精度是传感器的一个重要的性能指标，它是关系到整个测量系统测量精度的一个重要参数，也是决定一个传感器价格的主要因素。在选择时还要考虑购买时的性价比，只要传感器的精度足以满足测量需要，就不用选择更高精度档次的传感器产品。

项目评价

一、思考题

1. 填空题

（1）传感器是一种将_____信号转换为_____信号的装置，一般由_____和_____组成。

（2）传感器中的敏感元件是指_____被测的量，并输出与被测的量_____的元件。

（3）传感器中的转换元件是指感受_____输出的、与被测的量成确定关系的_____，然后输出_____的元件。

（4）在传感器中，_____感受被测的量，并输出与被测的量成_____关系的_____元件称为敏感元件。

（5）_____、_____以及_____为信息技术的三大支柱，_____是信息技术的感官。

（6）通常用_____、_____来描述传感器的输入、输出特性。

（7）在人与机器的机能对应关系中：感官对应于机器的＿＿＿＿＿＿＿＿；神经对应于机器的＿＿＿＿＿＿＿＿；大脑对应于机器的＿＿＿＿＿＿＿＿＿＿；肢体对应于机器的＿＿＿＿＿＿＿＿。

（8）传感器的＿＿＿＿、＿＿＿＿指标属于动态特性。

2. 选择题

（1）（　　）是指传感器中能直接感受被测的量的部分。

A. 传感元件　　　　B. 敏感元件　　　C. 测量电路

（2）由于传感器的输出信号一般都很微弱，需要将其放大并转换为容易传输、处理、记录和显示的形式，这部分为（　　）。

A. 传感元件　　　　B. 敏感元件　　　C. 测量电路

（3）传感器主要完成两个方面的功能：检测和（　　）。

A. 测量　　　　B. 感知　　　　C. 信号调节　　　　D. 转换

（4）传感技术的作用主要体现在（　　）。

A. 传感技术是产品检验和质量控制的主要手段

B. 传感技术研究通信系统中传输的可靠性

C. 传感技术及装置是自动化系统不可缺少的组成部分

（5）传感技术的研究内容主要包括（　　）。

A. 信息获取与转换　　B. 信息处理与传输

（6）属于动态指标的是（　　）。

A. 迟滞　　　　B. 稳定性　　　　C. 线性度

（7）传感器能感知的输入变化量越小，表示传感器的（　　）。

A. 线性度越好　　　B. 迟滞越小　　　C. 重复性越好　　　D. 灵敏度越高

（8）传感器在将非电量转换成微弱的电信号后，为消除信号中无用的杂波和干扰噪声，须采用（　　）。

A. 放大电路　　　B. 温度补偿电路　　C. 线性校正电路　　D. 滤波电路

（9）传感器的静态特性参数不包括（　　）。

A. 线性度　　　B. 零点时间漂移　　C. 频率响应　　　D. 不重复性

（10）将已感受到的被测非电量参数转换为电量的元件称为（　　）。

A. 敏感元件　　　B. 转换元件

3. 问答题

（1）什么是传感器？传感器的基本组成包括哪两个部分？各起什么作用？

（2）简述传感器在自动控制系统中的作用。

（3）传感器有哪些基本特性？

（4）简述传感器的发展方向。

二、技能训练

1. 为避免宾馆出现火灾，你认为需要安装哪些传感器，以便在出现火灾时能及时报警？

2. 为节约用电，在办公楼和居民楼的楼道需要安装一些传感器，当夜晚有人上楼时，楼道灯自动点亮，过一会儿，灯自动熄灭。你认为需要安装哪些传感器？

3. 通过自动流水线定量分装饼干，你认为需要在流水线周围安装哪些传感器？

4. 试举出在日常生活中所遇到的传感器，并说明它的作用。

三、项目评价评分表

1. 个人知识和技能评价表

班级：_____   姓名：_____   成绩：_____

评价方面	评价内容及要求	分值	自我评价	小组评价	教师评价	得分
实训技能	① 能根据测量条件、使用环境，合理选择传感器	15				
	② 能分析各领域中传感器的作用	15				
理论知识	① 了解传感器的应用场合	10				
	② 掌握传感器的定义、组成	10				
	③ 掌握自动控制系统的组成及传感器在系统中的作用	15				
	④ 了解传感器的基本特性	15				
	⑤ 了解传感器的发展趋势	10				
安全文明生产和职业素质培养	① 态度认真，按时出勤，不迟到早退，按时按要求完成实训任务	2				
	② 具有安全文明生产意识，安全用电，操作规范	2				
	③ 爱护工具设备，工具摆放整齐	2				
	④ 操作工位卫生良好，保护环境	2				
	⑤ 节约能源，节省原材料	2				

2. 小组学习活动评价表

班级：_____   小组编号：_____   成绩：_____

评价项目	评价内容及评价分值			小组内自评	小组互评	教师评分	得分
	优秀（16～20分）	良好（12～16分）	继续努力（12分以下）				
分工合作	小组人员分工明确，任务分配合理，有小组分工职责明细表，能很好地团队协作	小组人员分工较明确，任务分配较合理，有小组分工职责明细表，合作较好	小组人员分工不明确，任务分配不合理，无小组分工职责明细表，人员各自为阵				

续表

评价项目	评价内容及评价分值			小组内自评	小组互评	教师评分	得分
获取与项目有关的信息	优秀（16～20分）	良好（12～16分）	继续努力（12分以下）				
	能使用适当的搜索引擎从网络等多种渠道获取信息，并合理地选择、使用信息	能从网络获取信息，并较合理地选择、使用信息	能从网络或其他渠道获取信息，但信息选择不正确，使用不恰当				
实操技能	优秀（24～30分）	良好（18～24分）	继续努力（18分以下）				
	能按技能目标要求规范完成每项实操任务	能按技能目标要求规范较好地完成每项实操任务	只能按技能目标要求完成部分实操任务				
基本知识分析讨论	优秀（24～30分）	良好（18～24分）	继续努力（18分以下）				
	讨论热烈、各抒己见，概念准确、原理思路清晰、理解透彻、逻辑性强，并有自己的见解	讨论没有间断、各抒己见，分析有理有据，思路基本清晰	讨论能够展开，分析有间断，思路不清晰，理解不透彻				
总分							

>>>> 项目小结 <<<<

❶ 传感器是能感受规定的被测量，并按一定的规律转换成可用输出信号的器件或装置，它通常由敏感元件和转换元件组成。敏感元件是传感器中能直接感知或响应被测量的元件；转换元件是将感受的被测量转换成电信号的部分。测量电路将电信号转换为便于显示、记录、处理和控制的有用电信号。有用电信号有很多形式，如电压、电流、频率等。随着科学技术的发展，输出信号将来也可能是光信号或其他信号。

传感器是利用物理、化学、生物等学科的某些效应或机理按照一定的制造工艺研制出来的，由某一原理设计的传感器可以测量多种参量，而某一参量可以用不同的传感器测量。因此，传感器可以按不同的方法分类，可以按被测的量来分类，也可以按工作原理来分类。在实际应用中，传感器的命名通常由工作原理与被测的量合成命名，如电感式压力传感器。

传感器的特性有静态特性和动态特性之分。静态特性主要有线性度、灵敏度、分辨力和迟滞、重复性，而动态特性主要考虑它的响应速度和响应频率。

❷ 选择合适的传感器，需要根据测量对象（量程大小、被测位置、测量方式、信号引出方法、接触式还是非接触式测量、在线与非在线测量）确定选用何种类型的传感器，根据测量要求（灵敏度、频率响应、线性范围、稳定性、精度）确定传感器的性能指标。

应变式电阻传感器的认知

目 情境

在加工化妆品、药品、饮料、沥青、塑料、橡胶等众多产品的生产过程中，配料工序是一个重要环节，通常采用称重配料系统，完成不同配方、物料的自动供料和配料。

图 2-1 所示为称重配料控制系统。系统主要由储料筒、称重仓、混合料筒、输送装置、PLC 电控柜、工控机等组成。首先根据事先储存的工业配方比例设定各物料的加量值，由 PLC 按照顺序执行各种物料的加料、称重仓的称量操作，工控机监视整个系统的运行状况，对 PLC 下达操作命令及标定修改参数。称重传感器检测此物料的加入量，直到此种物料加量达到预定值时关闭此物料的进料阀门，完成此物料的加量后进入下一种物料的加入过程，当所有物料按照设定加量值加量完毕后结束配料。多个称重仓的物料经过称重后排至混合料筒，称重后排入输送装置上的设备，送到下一道工序。

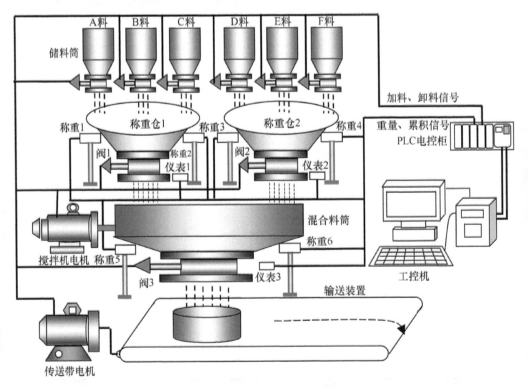

图 2-1 称重配料控制系统

在整个系统中，影响配料精度的关键部件是均匀安装在称重仓和混合料筒中下部四周的称重传感器。称重传感器一般选用应变式电阻传感器，如图 2-2 所示。

图 2-2　应变式电阻传感器

项目学习目标

学 习 目 标		学 习 方 式	学 时
技能目标	① 掌握应变式特性测试方法，会检测应变片； ② 了解应变片的粘贴工艺，会粘贴应变片； ③ 了解应变片命名方法，会选择应变片	学生实际操作；教师指导演示	2
知识目标	① 掌握应变式电阻传感器的应用场合和使用方法，理解它们的工作过程； ② 掌握电阻应变片的工作原理，了解其结构及分类； ③ 了解应变片接入测量电路的方式以及测量电路的功能	教师讲授、自主探究	4
情感目标	① 培养观察与思考相结合的能力； ② 培养使用信息资源和信息技术手段去获取知识的能力； ③ 培养分析问题、解决问题的能力； ④ 培养高度的责任心、精益求精的工作热情，一丝不苟的工作作风； ⑤ 激励对自我价值的认同感，培养遇到困难决不放弃的韧性； ⑥ 激发对应变式电阻传感器学习的兴趣，培养信息素养； ⑦ 树立团队意识和协作精神	网络查询、小组讨论、相互协作，教师引导	

项目任务分析

本项目主要是认知应变式电阻传感器，应变式电阻传感器具有悠久的历史，是应用最广泛的传感器之一，将电阻应变片粘贴到各种弹性敏感元件上，可构成测量各种参数的应变式电阻传感器，应变式电阻传感器现已广泛应用于诸如航空、机械、电力、化工、建筑等许多领域。

通过本项目的技能训练及理论学习，要求掌握应变式电阻传感器的安装、选型、检测及应变片的粘贴技术，掌握应变式电阻传感器的应用，了解应变式电阻传感器的工作原理。

任务一　了解应变式电阻传感器的组成

应变式电阻传感器是一种以电阻应变片为转换元件的电阻式传感器，它能将机械构件（弹性敏感元件）上的应变（变形）通过电阻应变片转换为电阻值的变化，由测量电路将电阻值变换成电压或电流信号输出，完成被测的量变换为电信号的过程。应变式电阻传感器的组成框图如图 2-3 所示。

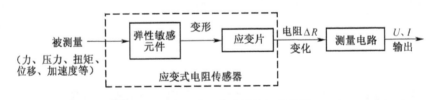

图 2-3　应变式电阻传感器的组成框图

下面通过由应变式电阻传感器组成的电子秤结构来了解传感器的组成，如图 2-4 所示。图中的敏感元件为悬臂梁，转换元件是贴在悬臂梁上的应变片。

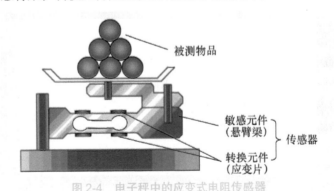

图 2-4　电子秤中的应变式电阻传感器

任务二　认知电阻应变片的结构及工作原理

一、电阻应变片的结构

电阻应变片的结构如图 2-5 所示。其中，图（a）所示为应变片的实物图，图（b）所示为应变片的内部结构。

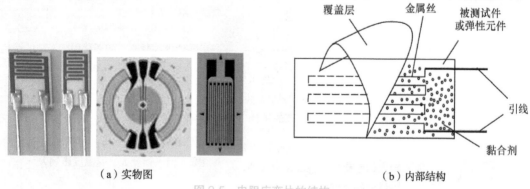

（a）实物图　　　　　　　　　　（b）内部结构

图 2-5　电阻应变片的结构

应变片根据制作材料不同可分为金属应变片和半导体应变片。下面比较这两种应变片的主要性能特点，如表 2-1 所示。

表 2-1　各种电阻式传感器性能比较

应变片类型	金属应变片	半导体应变片
结构	（1）丝式 （2）箔式	（1）体型 （2）薄膜型 （3）扩散型

应变片类型	金属应变片		半导体应变片
工作机理	应变效应 外部的机械形变引起电阻值的变化		压阻效应 半导体内部载流子的迁移引起电阻的变化
性能特点	丝式	结构简单、强度高，但允许通过的电流较小，测量精度较低，适用于测量要求不很高的场合	体积小，灵敏度高（通常比金属应变片的灵敏度高50～70倍），横向效应小，响应频率很宽，输出幅度大，受温度影响大
	箔式	面积大、易散热，允许通过较大的电流，灵敏度系数较高，抗疲劳好，寿命长，适于大批量生产，易于小型化	
使用场合	可以测力、测压力、测位移、测加速度		适用于力矩计、半导体话筒、压力传感器

二、电阻应变片的工作原理

1. 金属电阻应变片的工作原理

金属电阻应变片的工作原理是利用金属丝的"应变效应"。金属导体在外力的作用下发生机械变形，其电阻值随着机械变形（伸长或缩短）的变化而发生变化，这种现象称为金属的应变效应。

现有一根长度为 l，截面积为 A，电阻率为 ρ 的金属丝，如图 2-6 所示。

那么，金属丝的电阻值可以表示为 R

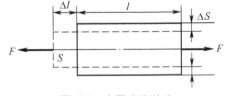

图 2-6 金属应变效应

$$R = \rho \frac{l}{S} \tag{2-1}$$

式（2-1）中：R 为金属丝的电阻值（Ω）；ρ 为金属丝的电阻率（Ω·mm²/m）；l 为金属丝的长度（m）；S 为金属丝的截面积（mm²）。

若金属丝受到拉力 F 作用时，金属丝将伸长 l，其横截面积相应减小 S，电阻率将因晶格发生变形等因素改变 ρ，这样将会引起电阻值发生变化。

2. 半导体应变片的工作原理

半导体应变片的工件原理是利用了硅半导体材料的压阻效应。如果半导体材料沿某一轴向受到应力作用，半导体中的载流子迁移率便会发生变化，从而导致其电阻率发生变化。这种由外力引起半导体材料电阻率发生变化的现象称为半导体的压阻效应，如图 2-7 所示。

半导体应变片最突出的优点是灵敏度高，这为它的应用提供了有利条件。另外，由于机械滞后小、横向效应小以及它本身体积小等特点，扩大了半导体应变片的使用范围。而它最大的缺点是温度稳定性差、灵敏度离散程度大（由于晶向、杂质等因素的影响）以及在较大应变作用下非线性误差大等，给使用带来一定困难。

图 2-7　半导体压阻效应

任务三　了解弹性敏感元件的特性

弹性敏感元件是一种在力的作用下产生变形，当力消失后能恢复成原来状态的元件，是应变式电阻传感器中所使用的敏感元件。它通过与被测物件接触，能直接感受到被测的量的变化，因而在传感器中占有非常重要的地位，其质量的优劣直接影响应变式电阻传感器的性能和测量精度。

一、力敏感元件

力弹性敏感元件大都采用等截面柱式、等截面薄板、轮辐式、悬臂梁及轴状等结构，主要作为各种电子秤和材料实验的测力元件，或用于发动机的推动力测试、水坝坝体承载状态的监测等。图 2-8 所示为几种常见的力敏感元件。

（a）梅花形　　　　　　　　（b）S形

（c）等截面柱　　　　　　　（d）轮辐式

（e）悬臂梁　　　　　　　　（f）桥式

图 2-8　几种常见的力敏感元件

二、压力敏感元件

常见的压力弹性敏感元件有弹簧管、波纹管、膜盒、薄壁半球和薄壁圆管等，主要用于测量管道内部压力，内燃机燃气的压力、压差、喷射力，发动机和导弹试验中脉动压力以及各种领域中的流体压力。压力敏感元件可以把液体或气体产生的压力转换为变形量。图2-9所示为几种常见的压力弹性敏感元件。

（a）波纹管　　　　　　（b）膜盒　　　　　　（c）薄壁圆管

图2-9　几种常见的压力弹性敏感元件

任务四　了解应变式电阻传感器的测量电路

当外力作用到弹性敏感元件上时，弹性敏感元件被压缩或拉伸，即产生了微小的机械变形。粘贴在弹性敏感元件上应变片的应变量一般都很小，电阻值的变化量也很小，难以直接精确测量，因此，需采用转换电路把应变产生的电阻变化量放大，并转换成电压或电流信号。在应用中最常用的是利用惠斯登电桥电路实现这种转换。

一、电源接入方式

根据所用电源的不同，惠斯登电桥电路分为直流电桥和交流电桥，其电源接入方式如图2-10所示。下面以直流电桥为例讲解电源接入方式。

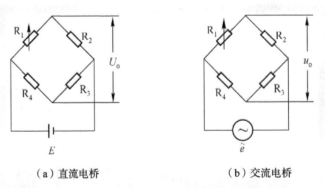

（a）直流电桥　　　　　　（b）交流电桥

图2-10　电源接入方式

电桥直流电源为E，输出电压为U_o，各桥臂电阻分别为R_1、R_2、R_3、R_4，其中，R_1为应变电阻。

由于直流电桥具有电源稳定、电路简单的特点，目前仍是主要测量电路；但后续的直流放大电路比较复杂，存在零漂、工频干扰；而交流电桥为特定传感器带来方便，放大电路简单无零漂，不受干扰，但需专用的测量仪器或电路，不易获得高精度。

二、应变片接入方式

电桥电路根据应变片接入的多少可分为单臂、双臂和全桥 3 种接入方式：如果电桥的一个臂接入应变片，其他 3 个臂接固定电阻，称为单臂电桥；如果电桥的相邻两个臂接入应变片，其他两个臂接固定电阻，称为双臂电桥，又称为半桥电桥；如果电桥 4 个臂都接入应变片，称为全桥电桥。应变片的 3 种接入方式如图 2-11 所示。在 3 种接入方式中，全桥工作时输出的电压最大，检测的灵敏度最高。因此，为了得到较大的输出电压或电流信号一般都采用双臂电桥或全桥电桥。

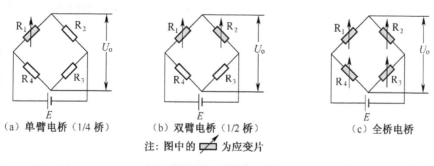

（a）单臂电桥（1/4 桥）　　　（b）双臂电桥（1/2 桥）　　　　　（c）全桥电桥

注：图中的 ▱ 为应变片

图 2-11　应变片的 3 种接入方式

即使是相同型号的电阻应变片，其阻值也有细小的差别，因此在无应力作用时，电桥 4 个桥臂的电阻值不完全相等，桥路可能不平衡（即有电压输出），这必然会造成测量误差。针对这种情况，在应变式电阻传感器的实际应用中，通常在原基本电路之上加调零电路，以减小测量误差。图 2-12 所示为应变式压力报警器的实际电路。

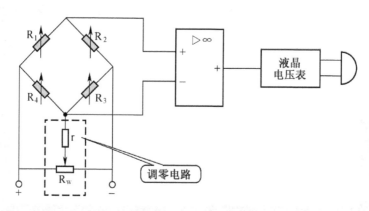

图 2-12　应变式压力报警器的实际电路

任务五　了解应变式电阻传感器的应用

在实际应用中通常将应变片粘贴于被测构件上，直接用来测定构件在工作状态下的应力、变形情况；或者将应变片粘贴在弹性元件上，与弹性元件一起构成应变式传感器，用来测量力、位移、加速度等物理参数。

一、电子汽车秤

电子汽车秤称重系统如图 2-13 所示。安装在秤台底下的柱形称重传感器如图 2-14 所示，图 2-14（a）所示是柱形称重传感器的外形，图 2-14（b）所示是柱形称重传感器中的弹性体，图 2-14（c）所示是应变片在弹性圆筒上的粘贴位置。由图 2-14（c）可以看出，在钢制圆筒上的纵向和横向贴有 $R_1 \sim R_4$ 4 个应变片，以保证电桥灵敏度最大。4 个应变片构成的电桥电路如图 2-14（d）所示。

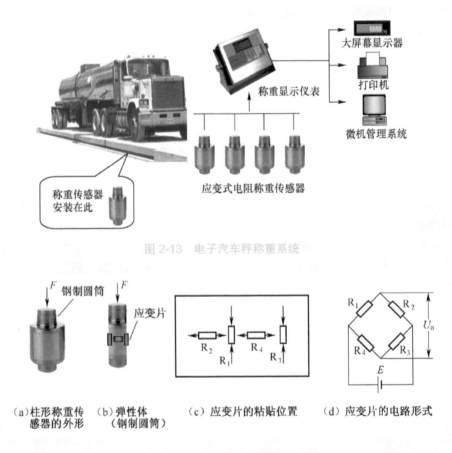

图 2-13　电子汽车秤称重系统

（a）柱形称重传
感器的外形　　（b）弹性体
（钢制圆筒）　　（c）应变片的粘贴位置　　（d）应变片的电路形式

图 2-14　柱形应变式电阻称重传感器

图 2-15 所示为电子汽车秤的电路框图。载重汽车停在电子汽车秤的秤台上，在重力作用下，秤将重力传递至传力机构，使秤台下的钢制圆筒受到沿轴向的挤压和横向的拉伸，即 R_1 和 R_3 受压缩应力，R_2 和 R_4 受拉伸应力，电桥电路失去平衡，电桥输出与应变量成比例的电信号，经放大器处理信号后，由称重显示仪表和大屏幕显示器显示重量，同时将计量数据输入微机管理系统进行综合管理。

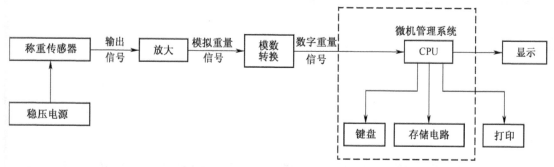

图 2-15 电子汽车秤的电路框图

二、商用电子秤

商用电子秤由秤盘、悬臂梁以及粘贴在悬臂梁上的应变片构成，如图 2-16 所示。悬臂梁一端固定，一端自由，秤盘用悬臂梁自由端上平面的两个螺丝紧固，在悬臂梁的上下两侧分别粘有 4 只应变片，这两侧的应变方向刚好相反，上侧拉伸，下侧收缩，且大小相等，构成全桥电路。

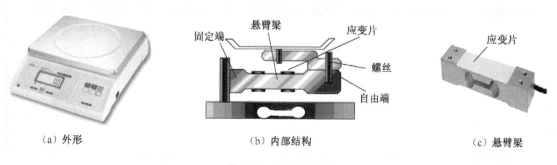

（a）外形 　　　　　　　（b）内部结构 　　　　　　　（c）悬臂梁

图 2-16 商用电子秤

悬臂梁承担物料的全部重量，物料越重，悬臂梁的变形量就越大，粘贴在其表面上的应变片的变形量越大，变形量转换为电阻值的变化量也就越大，由全桥电路将 4 个应变片的电阻值的变化量转换为电压输出，电压的大小则反映出物料的重量。

三、加速度传感器

加速度是物体运动速度的变化率，不能直接测量，为了获得较高的灵敏度，通常利用测量质量块随被测物体做加速运动时所表现出的惯性力来确定其加速度的大小。

图 2-17 所示为加速度传感器的外形图，可以通过粘贴或螺纹固定将加速度传感器安装在被测物体上。图 2-18 所示为加速度传感器的工作原理示意图。测量时，悬臂梁的自由端固定一质量块，固定端固定在基座上，在固定端的根部附近两面上各贴两个性能相同的应变片。

图 2-17 加速度传感器的外形图

图 2-18　加速度传感器工作原理示意图

当被测物体以加速度 a 运动时，质量块在受到一个与加速度方向相反的惯性力作用下做反方向运动，悬臂梁则相当于惯性系的"弹簧"，在惯性力作用下产生弯曲变形，该变形被粘贴在悬臂梁上的应变片感受到并随之产生应变，从而使应变片的电阻值发生变化，通过测量阻值的变化就可以求出待测物体的加速度。

四、用于恒压供水系统中的液位计

在产品生产过程中，若自来水供水压力不足或暂时缺水，可能影响产品质量出问题，严重时将导致产品报废和设备损坏；又如发生火警时，若供水压力不足或无水供应，就不能迅速灭火，这会造成重大经济损失和人员伤亡，所以，采用恒压供水系统供水十分必要。图 2-19 所示为恒压供水系统，图 2-20 所示为其原理图。在图 2-20 中，稳流罐上安装的液位传感器实时检测罐中的水位；可编程序控制器（PLC）接收传感器信号，并对水压进行控制和报警；变频器对泵（M_1、M_2、M_3）进行压力调节；显示控制器对变频器进行启动和停止的触屏控制；报警器对水压超限、阀门故障、水位超限、水泵电机电流过流等进行报警。

图 2-19　恒压供水系统

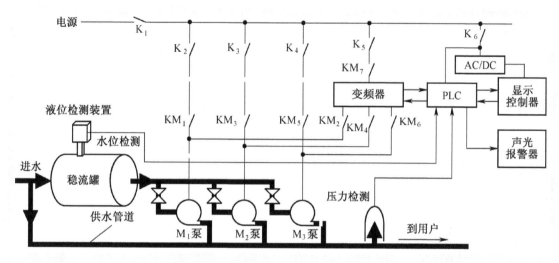

图 2-20　恒压供水系统的原理图

图 2-21 所示为投入式液位计外形图。B0506 型投入式液位计如图 2-22 所示。B0506 型液位计是将半导体应变片倒置安装在不锈钢壳体内，使用时液位计投入到被测液体中。传感器的高压侧进气口（由不锈钢隔离膜片及硅油隔离）与液体相通，低压侧进气口通过一根橡胶"背压管"与大气相通，传感器的信号线、电源线也通过该"背压管"与外界的仪器接口连接，被测液位高度可由公式 $h=\dfrac{p_2-p_1}{p_g}$ 计算得到。

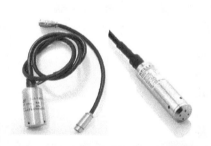

图 2-21　投入式液位计的外形图

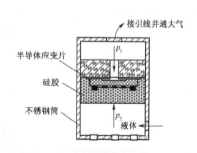

图 2-22　B0506 型投入式液位计

这种投入式液位计使用方便，适用于几米至几十米混有大量污物、杂质的水或其他液体的液位测量。

任务六　应变式电阻传感器技能训练

一、应变片特性的测试

1. 材料及仪器

（1）细金属丝 1 根。

（2）三位半数字式欧姆表（分辨率为 1 / 2000）1 块。

2．测试步骤

将细金属丝的两端接上欧姆表，记下其初始电阻值_____；用力拉长该金属丝，记录此时金属丝的电阻值_____。

二、应变片的粘贴

应变片粘贴质量的优劣对传感器测量的可靠性影响很大，它直接影响应变片的测量精度，因此，应变片的粘贴是一个非常关键性的环节。

1．材料

（1）试件 1 块。

（2）应变片 1 个。

（3）砂布 1 块。

（4）镊子 1 把。

（5）丙酮 1 瓶。

（6）药棉若干。

（7）502 胶水 1 支。

（8）聚四氟乙烯膜 1 卷。

（9）400# 砂纸 1 块。

（10）铁夹 1 个。

（11）电吹风 1 把。

（12）703 硅橡胶 1 支。

2．粘贴的步骤

（1）选片

试件外形如图 2-23 所示，首先检查应变片的外观，外观应无破损、无锈斑、无皱折、无短路；其次剔除敏感栅有形状缺陷，片内有气泡、霉斑、锈点的应变片。

（2）试件的表面处理

要使应变片粘贴牢固，需要对试件的表面进行处理（机械与化学），处理的范围为应变片面积的 3 ~ 5 倍。

如图 2-24 所示，首先清除表面的油污、锈斑、涂料、氧化膜镀层等，贴试件的应变片的表面需要打磨，打磨材料可选用200# ~ 400#的砂纸，并打出与贴片方向呈45°角的交叉条纹，用丙酮粗擦后用无水乙醇精擦，擦洗时要顺着单一方向进行，待烘、吹干后贴片，打磨后的试件表面应平整光滑，无锈点。

图 2-23　试件外形

图 2-24　打磨

（3）划线

划线如图 2-25 所示，粘贴前用划针划出贴片位置以便定位，线不应划到应变片的下方，划线后再清洗。

（4）清洗

清洗如图 2-26 所示，用浸有丙酮的药棉清洗欲测部位的表面，清除油垢灰尘，保持其清洁干净。

图 2-25　划线

图 2-26　清洗

（5）粘贴

如图 2-27 所示，贴片时要摆正应变片的位置，刷胶均匀，用胶量合理。将选好的应变片背面均匀地涂上一层 502 胶水，胶层的厚度要适中，然后将应变片的十字线对准构件欲测部位的十字交叉线，轻轻校正正方向。贴片后盖上聚四氟乙烯薄膜，用手指沿应变片轴线方向均匀滚压应变片，以排除多余的胶水和气泡，一般以 3 ~ 4 个来回为宜，并注意应变片的位置，如图 2-28 和图 2-29 所示。

图 2-27　涂胶

图 2-28　夹食指压气泡

（6）粘贴清洗

粘贴清洗如图 2-30 所示，对被贴物、应变片、粘贴工具的清洗是为了保证粘贴效果，满足绝缘要求，从而保证测试精度。

（7）固化

除食指压法外，还要用夹具压板加压，用铁夹夹持应变片，并用电吹风加热烘干 0.5h，如图 2-31 和图 2-32 所示。

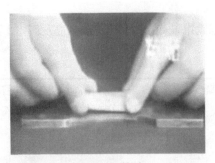

图 2-29　粘贴

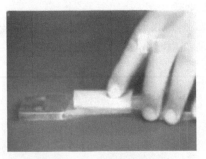

图 2-30　粘贴清洗

图 2-31　铁夹加压

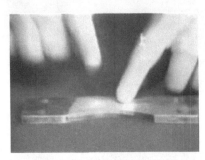

图 2-32　聚四氟乙烯覆盖

（8）检查

包括外观的检查，应变片电阻及绝缘电阻的测量。

（9）固定导线

将应变片的两根导线引出线焊在接线端子上，再将导线由接线端子引出。焊线引线时尽量选择柔软的导线，延长电缆应有一定弹性空间，不要直接拉动应变片的焊点。焊接后，应用无水乙醇擦洗应变片及焊点，如图 2-33 所示。

图 2-33　焊接引线

安装好的应变片可用 703 硅胶覆盖，以防止雨水及空气中有害气体的侵蚀（对薄片被测物应慎重，因为硅胶固化后有一定强度，会影响测试的精度）。

3. 操作时注意事项

（1）应变片正、反面不要搞错（正面有引出线），贴片时在应变片反面涂胶，与试件相粘贴。

（2）502 胶固化很快，所以粘贴动作要迅速，以免暴露时间过长，胶水固化，粘贴不牢。

（3）502 胶防水性能差一些，所以不宜用于钢筋混凝土构件中钢筋上贴片。

（4）在粘贴的过程中，不要用手接触应变片，要用镊子夹取引线。

（5）清洗后的被测点不要用手接触，以防粘上油渍和汗渍。

（6）固化的电阻片及引线要用防潮剂（石腊、松香）或胶布防护。

三、应变片的选择

应变片的选择主要取决于测试任务、连接方式、温度情况、材料以及测量栅丝的长度和应变电阻等。应变片型号命名方式如图 2-34 所示。

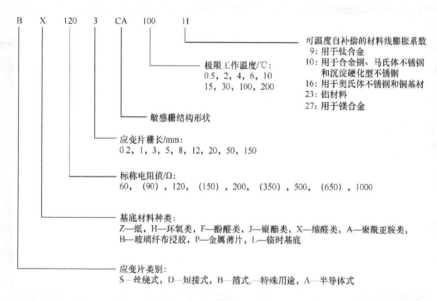

图 2-34 应变片型号命名方式

应变片的选择要注意以下几个方面。

1. 应变片结构形式

根据应变测量的目的、被测试件的材料和其应力状态以及测量精度，选择应变片的结构形式，表 2-2 所示为各种应变片的结构形式及应用场合。

表 2-2 各种应变片的结构形式及应用场合

名 称	应用场合	结构形式
单直片应变片	测量弹性模量	单一方向上记录应变大小，其测量栅丝并行排列
双直片应变片	用于记录弯曲梁的弯矩	采用两个测量栅丝，并且测量栅丝平行排列，
T 形应变片（应变花）	用于应变测试和应变测量	两个测量栅丝彼此成 90° 排列，并位于单一基底上
V 形应变片	用于扭矩传感器的制造	两个测量栅丝也彼此成 90° 排列
应变花	测量未知应变方向和大小的应变测试和应变	在同一个基底上有 3 个测量栅丝
全桥应变片	测量剪切负载，或者测量轴的扭矩	
膜片应变片	用于制造膜片压力传感器	

2. 应变片尺寸

选择应变片尺寸时应考虑应力分布、动静态测量、弹性体应变区大小等因素。应变片越小精度越高,越能正确反映出被测量点的真实应变,因此,在加工精度可以保证的情况下,综合考虑各种因素影响后,应变片的栅长小一些比大一些好。

3. 电阻值

一般的工程测试或教学实验选片电阻值可在 120 ~ 350Ω 范围。目前传感器生产中大多选用 350Ω 的应变片,在不考虑价格因素的前提下,应使用大阻值应变片,如高阻值 1000Ω 的应变片。大阻值应变片具有通过电流小、自热引起的温升低、持续工作时间长、动态测量信噪比高等优点,应用越来越广。

4. 使用温度

应根据使用温度选用不同丝栅材料的应变片,常温应变片使用温度为 -30 ~ 60℃。选片时应注意温度自补偿材料线膨胀系数。

 **目评价**

一、思考题

1. 填空题

(1)导体在受到外力作用变形时,其电阻也将随之变化,这种现象称为_____。

(2)应变式电阻传感器由_____和_____组成。其中,_____是最核心的部件。

(3)应变式电阻传感器按材料的不同,可分为_____、_____两大类。

(4)由于_____而引起_____变化的现象称为应变效应。金属应变片的应变效应受_____和_____两项因素变化的影响,而半导体应变片的应变效应主要受_____的影响。

(5)最常用的惠斯登电桥电路作为应变式电阻传感器测量电路,用来测量微弱的电阻值的变化,是把应变片的_____转换为_____或_____的变化,以便显示被测量的大小。

(6)电桥电路有_____、_____和_____3 种接入方式。采用_____供电的为交流电桥。

(7)金属应变片的工作原理是基于_____效应,而半导体应变片是基于_____效应。

(8)要使直流电桥平衡,必须使直流电桥相对臂的电阻值_____。

(9)金属电阻受应力后,其电阻值的变化主要是由_____的变化引起的;半导体电阻受应力后,电阻的变化主要是由_____发生变化引起的。

2. 选择题

(1)弹性敏感元件是一种利用(   )把感受到的非电量转换为电量的(   )元件。

A. 变形   B. 发热   C. 敏感   D. 转换

(2)将被测试件的变形转换成(   )变换量的(   )元件,称为电阻应变片。

A. 电阻   B. 力   C. 位移   D. 敏感   E. 转换

(3)半导体应变片的应变效应是基于(   )的变化而产生的。

A．几何形状　　　B．材料的电阻率

（4）应变式电阻传感器的测量电路中，（　　　）电路的灵敏度最高。

A．单臂　　　　　B．双臂　　　　　C．全桥

（5）将应变片贴在（　　　）上，就可以分别制作成力、位移、加速度等传感器。

A．绝缘体　　　　B．导体　　　　　C．弹性敏感元件

（6）半导体应变片具有（　　　）等优点。

A．灵敏度高　　　B．温度稳定性好　C．接口电路复杂

（7）通常用应变式电阻传感器测量（　　　）。

A．温度　　　　　B．密度　　　　　C．加速度　　　　　D．电阻

（8）金属应变片的应变效应是基于（　　　）的变化而产生的。

A．几何形状　　　B．材料的电阻率

（9）半导体应变片是根据＿＿＿＿＿＿＿原理工作的。

A．电阻应变效应　B．压阻效应　　　C．热阻效应

3．问答题

（1）什么是电阻的应变效应？试利用应变效应解释金属应变式电阻传感器的工作原理。

（2）弹性敏感元件在应变式电阻传感器中起什么作用？

（3）简述应变式电阻传感器测量电路的功能。

（4）应变式电阻称重传感器的工作原理是什么？

（5）应变式电阻测量加速度的原理是什么？

（6）试比较金属应变式传感器和半导体应变式传感器的异同点。

二、技能训练

1．用于测量起吊重量的拉力传感器如图2-35所示。应变片R_1、R_2、R_3、R_4贴在等截面轴上，如图2-35（a）所示，它们组合的电桥电路如图2-35（b）所示。试简述拉力传感器的工作原理。

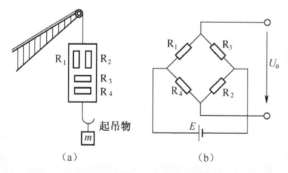

图 2-35　测量起吊重量的拉力传感器示意图

2．拟在等截面的悬臂梁上粘贴4个完全相同的电阻应变片组成差动全桥电路。试问，（1）4个应变片应怎样粘贴在悬臂梁上？（2）画出相应的电桥电路图。

3．图 2-36 所示为＿＿＿＿＿＿＿式＿＿＿＿＿＿＿传感器的结构示意图。图中各编号名称：

①是_____，②是_____，③是_____，④是_____。在该传感器中，为什么要采用图中的粘贴方式，能否改用其他粘贴方式，简述该传感器是如何工作的？

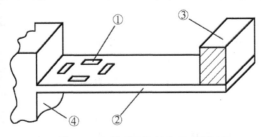

图 2-36 传感器的结构示意图

4. 采用平膜式弹性元件的应变式压力传感器，测量电路为全桥时，试问：应变片应粘贴在平膜片的何处？应变片应如何连成桥式电路？

三、项目评价评分表

1. 个人知识和技能评价表

班级：_____ 姓名：_____ 成绩：_____

评价方面	评价内容及要求	分值	自我评价	小组评价	教师评价	得分
实操技能	① 能用欧姆表检测应变片优劣	10				
	② 会查阅器件手册和选用应变片	10				
	③ 掌握应变片粘贴工艺	10				
	④ 了解应变式电阻传感器的应用场合和方法	10				
理论知识	① 了解应变式电阻传感器的应用场合	10				
	② 了解应变式电阻传感器的工作原理	10				
	③ 了解应变式电阻传感器结构及分类	5				
	④ 理解应变式电阻传感器应用中的工作过程	15				
	⑤ 了解应变片测量电路的方式以及测量电路的功能	10				
安全文明生产和职业素质培养	① 态度认真，按时出勤，不迟到早退，按时按要求完成实训任务	2				
	② 具有安全文明生产意识，安全用电，操作规范	2				
	③ 爱护工具设备，工具摆放整齐	2				
	④ 操作工位卫生良好，保护环境	2				
	⑤ 节约能源，节省原材料	2				

2. 小组学习活动评价表

班级： ＿＿＿＿＿＿＿ 小组编号： ＿＿＿＿＿＿ 成绩： ＿＿＿＿＿＿

评价项目	评价内容及评价分值			小组内自评	小组互评	教师评分	得分
分工合作	优秀（16～20分）	良好（12～16分）	继续努力（12分以下）				
	小组人员分工明确，任务分配合理，有小组分工职责明细表，能很好地团队协作	小组人员分工较明确，任务分配较合理，有小组分工职责明细表，合作较好	小组人员分工不明确，任务分配不合理，无小组分工职责明细表，人员各自为阵				
获取与项目有关的信息	优秀（16～20分）	良好（12～16分）	继续努力（12分以下）				
	能使用适当的搜索引擎从网络等多种渠道获取，并合理地选择信息、使用信息	能从网络获取信息，并较合理地选择、使用信息	能从网络或其他渠道获取信息，但信息选择不正确，使用不恰当				
实操技能	优秀（24～30分）	良好（18～24分）	继续努力（18分以下）				
	能按技能目标要求规范完成每项实操任务	能按技能目标要求规范较好地完成每项实操任务	只能按技能目标要求完成部分实操任务				
基本知识分析讨论	优秀（24～30分）	良好（18～24分）	继续努力（18分以下）				
	讨论热烈、各抒己见，概念准确、原理思路清晰、理解透彻，逻辑性强，并有自己的见解	讨论没有间断、各抒己见，分析有理有据，思路基本清晰	讨论能够展开，分析有间断，思路不清晰，理解不透彻				
总分							

>>>> 项目小结 <<<<

❶ 应变式电阻传感器由弹性敏感元件和电阻应变片组成，其工作原理是基于电阻的应变效应，能将弹性敏感元件的应变转换为电阻值的变化。这种应变片在受力变形时产生的阻值变化通常较小，一般需要将应变片组成电桥电路，通过后续的放大器进行放大，再传输给处理电路。

电阻应变片根据制作材料和工艺的不同，主要有金属应变片和半导体应变片两类，金属应变片是由于导体的长度和半径发生改变而引起电阻值的变化（即电阻应变效应），而半导体应变片是由于其载流子的迁移率发生变化而引起电阻值的变化（即压阻效应）。

电阻应变片构成的电桥称为惠斯登电桥。该电桥可以采用电桥的一个桥臂为一片应变片，其他桥臂为固定电阻的方法，也可以采用在电桥上用两片或4片应变片组成的桥路结构，其中，全桥电桥的测量精度最大，可以以此提高传感器的测量精度。

应变式电阻传感器可广泛应用于称重、测量加速度、测量液位等物理量。

❷ 应变式电阻传感器一般都粘贴在被测试件上，应变片粘贴质量的好坏，是决定应变片测试成功与否的关键因素之一，因此，粘贴时必须严格按照工艺流程进行操作。应变片粘贴需要经过选片、被测试件表面处理、划线、清洗、粘贴、固化、检查、固定导线等步骤，贴片时注意应变片的正反面，贴片时在应变片反面涂胶，与试件相粘贴，不要用手接触应变片和被测点，以免粘上油渍和汗渍，粘贴完毕应进行防护与屏蔽。

选用应变片要考虑应变片的电阻值、结构、尺寸及温度范围等。

电容式传感器的认知

每个人的指纹由于凸凹不平而所产生的纹路各不相同，利用指纹的唯一性和稳定性，我们可以通过指纹识别系统，将被测人的指纹和预先保存的指纹进行对比，即可验证出被测人的真实身份。目前指纹识别系统已在网络安全、罪犯鉴定、门禁系统、考勤和法庭取证等方面得到了广泛的使用。

指纹识别系统原理框图如图 3-1 所示，系统由指纹采集设备、指纹图像处理系统、指纹数据库、指纹匹配系统等组成。指纹采集设备采集被测人指纹图像并将其转换为数字图像，然后进行预处理，再送入指纹图像处理系统对指纹进行识别，从指纹图像中提取指纹特征值，形成指纹特征值模板，并与被测人的身份信息结合起来，存储在指纹数据库中，与指纹库存储系统中的指纹特征进行匹配，显示或打印识别结果。

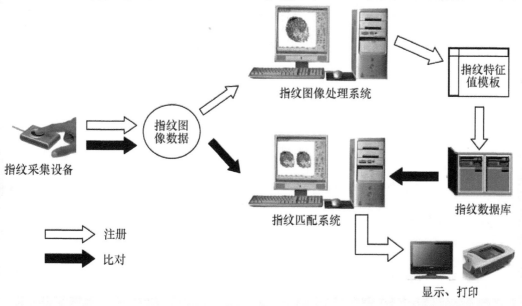

图 3-1　指纹识别系统原理框图

在整个系统中，指纹采集设备中的传感器起着关键作用。指纹传感器采用半导体电容式传感器，在半导体金属阵列上能结合大约 100 000 个电容传感器。传感器阵列的每一点是一个金属电极，充当电容器的一极，按在传感面上手指头的对应点则作为另一极，传感面形成两极之间的介电层。由于指纹的嵴和峪相对于另一极之间的距离不同（纹路深浅的存在），导致硅表面电容阵列的各个电容值不同，根据各点的电容值来判断什么位置是嵴，什么位置是峪，从而形成指纹图像数据。半导体电容式传感器的原理示意图如图 3-2 所示。

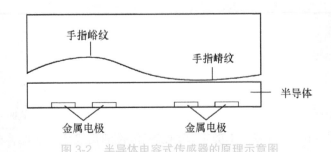

图 3-2 半导体电容式传感器的原理示意图

项目学习目标

	学 习 目 标	学 习 方 式	学 时
技能目标	① 掌握电容式接近开关的识别和检测方法； ② 了解电容式物位计的选用原则，会根据现场实际情况选用物位计； ③ 了解安装电容式传感器应注意的事项	学生实际操作和领悟；教师指导演示、	2
知识目标	① 掌握电容式传感器的应用场合和应用方法，理解它们的工作过程； ② 掌握电容式传感器的工作原理，了解其结构及分类； ③ 了解电容式传感器测量电路的工作原理	教师讲授、自主探究	4
情感目标	① 培养观察与思考相结合的能力； ② 培养学会使用信息资源和信息技术手段去获取知识的能力； ③ 培养学生分析问题、解决问题的能力； ④ 培养高度的责任心、精益求精的工作热情，一丝不苟的工作作风； ⑤ 激励学生对自我价值的认同感，培养遇到困难决不放弃的韧性； ⑥ 激发学生对电容式传感器学习的兴趣，培养信息素养； ⑦ 树立团队意识和协作精神	学生网络查询、小组讨论、相互协作	

项目任务分析

本项目主要认知电容式传感器，电容式传感器是一种将被测的物理量转换为电容量变化的传感器，它的敏感部分就是具有可变参数的电容器。通过本项目的技能训练及理论学习，要求掌握电容式传感器的安装、选型、识别和检测，了解该传感器的应用场合和使用方法，掌握电容式传感器的工作原理，了解其结构及分类，了解常用的电容式传感器测量电路的种类及功能。

任务一　了解电容式传感器的组成

电容式传感器以各种类型的电容器作为传感元件，通过传感元件将被测物理量转换为电容量的变化，随后由测量电路将电容量的变化量转换为电压、电流或频率信号输出，完成对被测物理量的测量。电容式传感器的组成框图如图 3-3 所示。

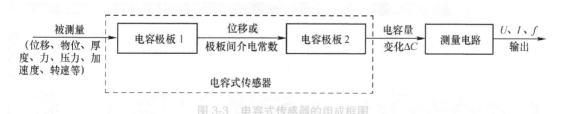

图 3-3　电容式传感器的组成框图

下面通过电容式液位计来了解电容传感器的组成，如图 3-4 所示。其中，棒状金属电极与导电液体构成电容传感器的两个极板，金属极板和导电液体既是敏感元件，又是转换元件。

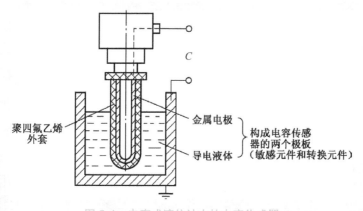

图 3-4　电容式液位计中的电容传感器

任务二　认知电容式传感器的结构及工作原理

一、电容式传感器的结构

根据结构形式的不同，电容式传感器可分为 3 种类型：变极距式、变面积式、变介电常数式。图 3-5 所示为电容传感器的实物图，各种电容传感器的性能比较如表 3-1 所示。

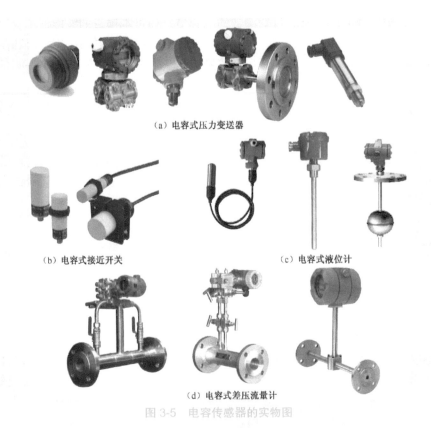

（a）电容式压力变送器

（b）电容式接近开关　　　　　　　　　　（c）电容式液位计

（d）电容式差压流量计

图 3-5　电容传感器的实物图

表 3-1　各种电容传感器的性能比较

传感器的类型	变极距式	变面积式	变介电常数式
结　构	（a）普通结构 （b）差动结构	（a）角位移型 （b）圆柱线位移型　（c）平面线位移型	（a）圆柱型 （b）平面型

续表

传感器的类型	变极距式	变面积式	变介电常数式
工作机理	通过改变两极板间的距离改变电容	通过改变两极板间的覆盖面积改变电容	通过改变两极板间的介电常数改变电容
性能特点	测量精度较低	测量精度较低	测量精度高，不受周围环境的影响
使用场合	测量微米级的线位移； 测量由于力、压力、压差、振动等引起的极距变化； 测量振动振幅	测量角位移及厘米级的线位移	测量固体或液体的料位（液位）； 测量粮食、木材等非导电固体介质的温度、密度、湿度等； 测量片状材料的厚度和介电常数

二、电容式传感器的工作原理

1. 平行板型电容式传感器

两平行极板可组成一个电容式传感器，如图 3-6（a）所示，当忽略电容器边缘效应时，其电容量为：

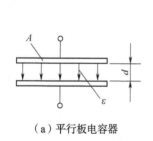

（a）平行板电容器

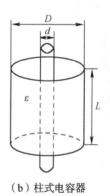

（b）柱式电容器

图 3-6 电容器

$$C=\frac{\varepsilon S}{d} \qquad (3\text{-}1)$$

式中：S 为两电极互相覆盖的有效面积，d 为极板间的距离，ε 为极板间介质的介电常数，$\varepsilon=\varepsilon_r\varepsilon_0$；$\varepsilon_0$ 为真空介电常数，ε_r 为极板间介质的相对介电常数；$\varepsilon_0=8.85\times10^{-12}\mathrm{F\cdot m^{-1}}$。

由（3-1）知，3 个参数中的两个保持不变，只改变另外一个参数可使电容量产生变化，所以根据改变参数不同，可将电容式传感器分为以下 3 大类。

（1）变极距型传感器

改变极板间距离（d）的电容式传感器，一般用来测量微小位移（$0.01\sim102\mu m$）或由于力、压力、振动等引起的极距变化。

（2）变面积型传感器

改变极板遮盖面积（S）的电容式传感器，一般用于测量角位移 $1°\sim100°$ 或较大的线位移。

（3）变介质型传感器

改变介质介电常数（ε）的电容式传感器，常用于物位测量和各种介质的温度、密度、湿度的测量。

2. 柱形电容式传感器

柱形电容器如图 3-6（b）所示。高 L，外圆筒直径 D，内圆筒直径 d，介质介电常数 ε，其电容量为

$$C=\frac{2\pi\varepsilon L}{\ln\dfrac{D}{d}} \tag{3-2}$$

由（3-2）知，当 L 或 ε 变化时，其电容量 C 也随之变化。L 变化其本质也是 ε 变化，故柱形电容式传感器属于变介电常数式传感器。

任务三　了解电容式传感器的测量电路

电容式传感器将被测的物理量转换为电容变化，但由于电容变化量很小，不易被观察、记录和传输，因此必须通过测量电路将电容变化量转换成电压、电流或频率信号，随后输出。测量电路的种类很多，常见的电路有桥式电路、调频电路及脉冲宽度调制电路等。

一、桥式电路

将电容式传感器接入交流电桥作为电桥的一个臂或两个相邻臂，另外的两臂可以是固定电阻、电容或电感，也可以是变压器的两个次级线圈，图 3-7 中所示，电容 C、C_0 和阻抗 Z、Z' 组成交流电桥测量电路，C 为电容传感器的电容，Z' 为等效配接阻抗，C_0、Z 为固定电容和固定阻抗。接有电容式传感器的交流电桥输出阻抗很高，输出电压幅值又小，所以必须先接高输入阻抗放大器将信号放大后才能测量。为了分辨电容式传感器的位移方向，交流放大器之后需要有相敏检波电路。

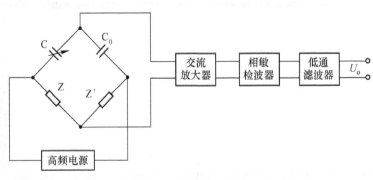

图 3-7　交流桥式电路

二、调频电路

调频电路将电容式传感器作为 LC 振荡器谐振回路的一部分。当被测量发生变化时，电

容 C_x 随之变化，使得振荡器频率 f 产生相应的变化，计算机测得频率 f 的变化就可算得 C_x 的数值。由于该振荡器频率 f 受电容 C_x 调制，故该电路称为调频电路。图 3-8 所示为 LC 振荡器调频电路原理框图。

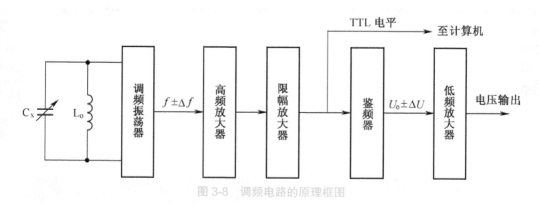

图 3-8 调频电路的原理框图

在图 3-8 中，LC 振荡器的频率可由下式决定

$$f=\frac{1}{2\pi\sqrt{LC}}\qquad\qquad（3-3）$$

在式（3-3）中，L 为振荡器的电感；C 为振荡回路的总电容，包括传感器电容 C_x、谐振回路中的微调电容 C_1 以及传感器的电缆分布电容 C_c，即 $C=C_x+C_1+C_c$。

振荡器输出的高频电压是一个受电容控制的调频波，调频波经限幅放大器放大后在鉴频器中转换为电压的变化输出，由仪表指示出来。

调频电路的抗干扰能力强，可远距离传输不受干扰；具有较高的灵敏度，可以测量小至 0.01μm 级的位移变化量。其缺点是非线性较差，可通过鉴频器（F/V 转换）转化为电压信号后进行补偿。

三、脉冲宽度调制电路

脉冲宽度调制电路是利用对传感器电容的充、放电，使电路输出脉冲的宽度随传感器电容值的变化而变化，通过低通滤波器得到对应被测量变化的直流信号。脉冲宽度调制电路如图 3-9 所示，它由比较器（IC_1、IC_2）、双稳态触发器 IC_3 以及电容充放电回路组成。

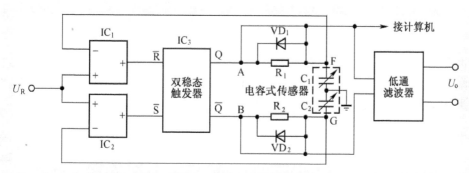

图 3-9 脉冲宽度调制电路

在图 3-9 中，C_1、C_2 为差动式传感器的两个电容；U_R 为其参考电压。输出电压 U_o 由 A、B 两点间的电压经低通滤波器滤波后获得。

当双稳态触发器 Q 端输出为高电平（1）时，即 $U_A=1$，VD_1 截止，通过 R_1 对 C_1 充电，U_F 逐渐增加，直到 $U_F=U_R$ 时，双稳态触发器 Q 端输出变为 0，此时 $U_A=0$，C_1 通过 VD_1 放电，U_F 逐渐降低；在 $U_A=0$ 时，$U_B=1$，通过 R_2 对 C_2 充电，U_G 逐渐增加，直到 $U_G=U_R$ 时，双稳态触发器 Q 端输出变为 1，$U_A=1$，同时 $U_B=0$，电容 C_1 充电而 C_2 放电。如此循环往复，A、B 端输出的矩形波经低通滤波器后，即可输出较大的直流电压。各点的电压波形图如图 3-10 所示。

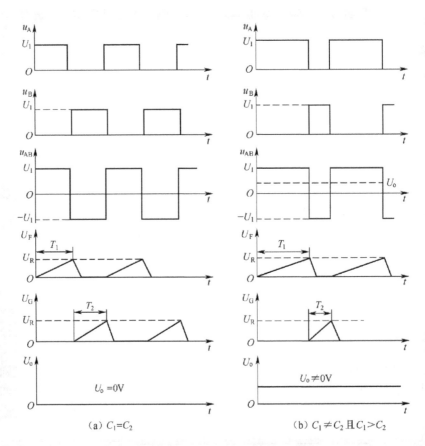

图 3-10　脉冲宽度调制电路各点的电压波形图

脉冲宽度调制电路适用于所有的差动式电容传感器，不论是变面积式或变极距式均能获得线性输出；该电路采用直流电源，电压稳定度高，不存在稳频、波形纯度的要求，不需要相敏检波与解调等，对输出矩形波的纯度要求也不高。

任务四　了解电容式传感器的应用

电容式传感器不仅用于对位移、振动、角度、加速度等机械量的精密测量，还广泛用于对压力、差压、液位、物位或成分含量等方面的测量。

一、电容式差压变送器

电容式差压变送器如图 3-11 所示，它的核心部分是一个差动变极距式电容传感器。图 3-11（a）所示为电容式压力变送器实物图，图 3-11（b）所示为电容压力传感器的内部结构图。

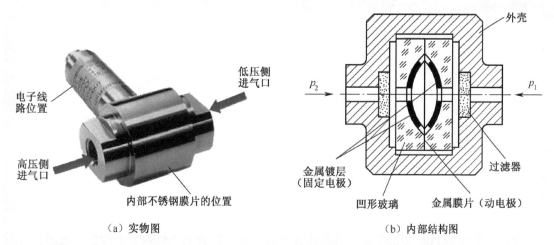

（a）实物图　　　　　　　　　　（b）内部结构图

图 3-11　电容式差压变送器

固定电极为传感器中间凹曲玻璃表面上的镀金属层，动电极为圆形薄金属膜片。动电极膜片作为压力的敏感元件，它位于两个固定电极之间，构成差动式电容传感器。当被测压力 p_1、p_2 由两侧的内螺纹压力接头通过过滤器进入空腔时，动电极膜片由于受到来自两侧的压力之差而凸向压力小的一侧，这一位移引起动电极膜片和两个固定电极间的电容 C_1、C_2 发生变化，一个电容器的容量增大而另一个电容器的容量相应减小。当两极板的间距很小时，压力与电容量的变化成正比，电容量的变化经过测量转换电路可以转换成相应的电压或电流输出。

二、电容式液位计

电容式液位计是通过测量两个电极之间电容量的变化来测量液面高低的液位仪表，在化工等工业领域应用较广，如图3-12所示。图3-12（a）所示为电容式液位计的实物图，图3-12（b）所示为电容式液位计的安装示意图。

当容器为金属材料时，金属棒插入盛液容器内，金属棒作为电容的一个极，容器壁作为电容的另一极；当容器为非金属材料时，金属棒作为电容的一个极，而金属圆筒则作为电容的另一极。两电极间的介质即为液体及其上面的气体。由于液体的介电常数 ε_1 和液面上的介电常数 ε_2 不同，比如：$\varepsilon_1 > \varepsilon_2$，则当液位升高时，两电极间总的介电常数值随之加大因而电容量增大。反之，当液位下降，ε 值减小，电容量也减小。所以，可通过两电极间的电容量的变化来测量液位的高低。因被测介质具有导电性，所以金属棒电极都有绝缘层覆盖。

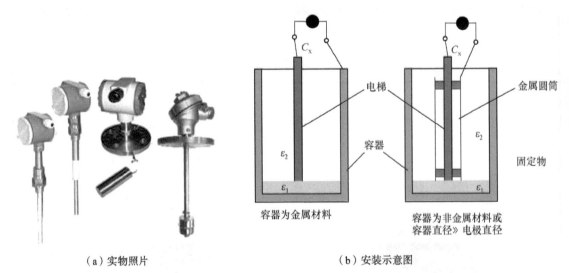

（a）实物照片　　　　　　　　　　　　　　（b）安装示意图

图 3-12　电容式液位计

三、电容式接近开关

在数控机床或自动化生产线上常常需要对某一可动部件的动作位置进行精确定位，此时只需用开关型传感器判断其位置或状态即可，提供这类检测的传感器称为接近开关。接近开关又称为无触点行程开关，当某个物体靠近接近开关并达到一定距离时，接近开关就会"感知"并发出"动作"信号，告知该物体所处的位置。接近开关的种类很多，电容式接近开关就属于一种具有开关量输出的位置传感器，如图 3-13 所示，图 3-13（a）所示为接近开关的实物图，图 3-13（b）所示为接近开关的内部结构图，图 3-13（c）所示为接近开关的原理框图。

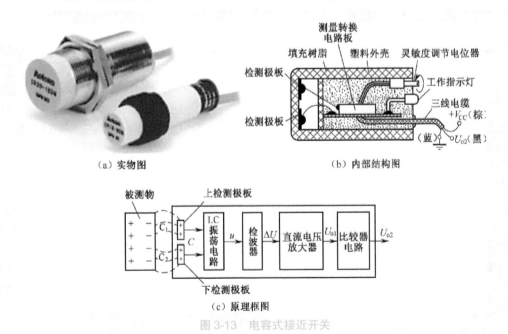

（a）实物图　　　　　　　　　　　（b）内部结构图

（c）原理框图

图 3-13　电容式接近开关

电容式接近开关的核心是以电容极板作为检测端的 LC 振荡器。两块检测极板设置在接近开关的最前端，测量转换电路板安装在接近开关壳体内。没有物体靠近检测极板时，上、下检测极板之间的电容 C 非常小，它与电感 L（在测量转换电路板中）构成高品质因数的 LC 振荡电路。

当被检测物体为导体时，上下检测极板经过与导体之间的耦合作用，形成变极距式电容 C_1、C_2。电容值比未靠近导体时增大了许多，引起 LC 回路的 Q 值下降，输出电压 U_o 随之下降，Q 值下降到一定程度时振荡器停振。

电容式接近开关既能检测金属物体，也能检测非金属物体，对金属物体可以获得最大的动作距离，对非金属物体动作距离决定于材料的介电常数，介电常数越大，可获得的动作距离越大。

四、电容测厚仪

电容测厚仪可以用来测量金属带材在轧制过程中的厚度，如图 3-14 所示。其中，图 3-14（a）所示为测厚仪实物图，图 3-14（b）所示为装置示意图。在被测金属带材的上、下两侧各放置一块面积相等且与带材距离相等的极板，这样，极板与带材之间就形成了两个电容器（C_1、C_2）。把两块极板用导线连接起来成为一个极板，金属带材就是电容器的另一个极板，其总电容 $C=C_1+C_2$。当带材厚度发生变化时，就会引起电容值的变化，用交流电桥将电容的变化量检测出来并放大，即可显示出带材厚度的变化。

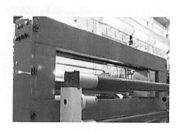 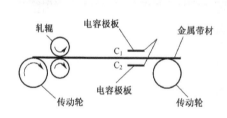

（a）实物图 （b）装置示意图

图 3-14 电容测厚仪

任务五 电容式传感器技能训练

一、电容式接近开关的识别和检测

接近开关有二线制、三线制和四线制等接线方式，连接导线采用 PVC 外皮的铜芯线，导线颜色多为棕、黑、蓝、黄。在使用时，导线颜色可能会有所不同，应仔细查看说明书。接近开关的供电方式有直流供电和交流供电两种，输出类型为 PNP 型晶体管或 NPN 型晶体管输出，输出状态有动合（常开）和动断（常闭）两种形式。

1. 材料及仪器

（1）各种类型的电容式接近开关若干。

（2）输出可调的直流电源 1 台。

（3）不同电压等级的信号灯若干。

（4）继电器若干。

（5）被测物体（金属和非金属）若干。

（6）电工工具、导线若干。

2. 步骤

（1）电容式接近开关的识别

观察各个电容式接近开关的线制和导线颜色，查看使用说明书，初步确定接线方式，并将主要技术参数填入表 3-2 中。

表 3-2　电容式接近开关技术参数记录表

序　号	开关型号	接线方式	输出类型	供电方式	检测距离	工作电流	工作电压
1							
2							
3							
4							
5							
6							

（2）电容式接近开关的接线训练

接近开关的电气符号及接线图如图 3-15 所示。根据所给的二线制接近开关的参考电路图，如图 3-16 和图 3-17 所示，自行设计三线制接近开关的控制电路图。电路图设计完毕，经指导教师检验合格后，方可进行实际线路的连接。

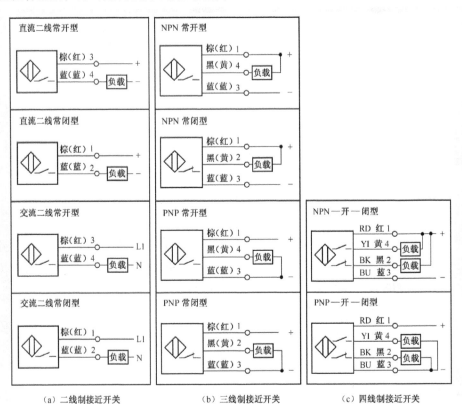

（a）二线制接近开关　　　　（b）三线制接近开关　　　　（c）四线制接近开关

图 3-15　接近开关接线示意图

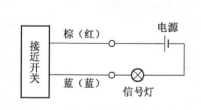

图 3-16　二线制接近开关的光控制电路

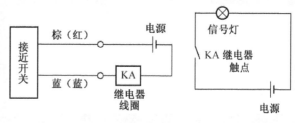

图 3-17　二线制接近开关的继电器控制电路

（3）电容式接近开关的性能测试

完成接线训练电路接线后，逐一进行性能测试。测试时，将金属被测物逐渐靠近电容式接近开关的感应面，直到开关动作，观察电路中信号灯的变化，并分析变化的原因；在继电器控制电路中，注意观察继电器线圈的吸合及信号灯的变化情况。然后使用非金属被测物体重复上述过程，比较两种情况下接近开关的动作距离。

3. 注意事项

（1）接线前一定要看清接近开关的供电方式是直流还是交流，输出是 NPN 型还是 PNP型，然后按照接线示意图接线。

（2）要看清传感器的额定电流是否大于信号灯的启动电流，二者的工作电压是否一致。否则，不能按照图 3-16 所示的方式接线，以免损坏接近开关，此时应参考图 3-17 所示的继电器控制电路接线。

（3）在继电器控制电路中，要注意电源电压不能大于继电器及信号灯的额定电压。

二、电容式物位计选用原则的认知

由于被测介质的不同，电容式物位计有不同的型式。应根据现场实际情况，即被测介质的性质（导电特性、粘滞性）、容器类型（规则／非规则金属罐、规则／非规则非金属罐），选择合适的电容物位计。图 3-18 所示为电容式物位计的几种连线方式。

（1）当被测液体是一些黏稠度较低的非导电液体时，可以将一个金属电极外部同轴套上一个金属管，金属管和金属电极保持同轴状态，相互绝缘并进行固定，这样可以将被测量的介质作为中间的绝缘物质，由此形成一个同轴套筒形的电容器，同轴内外金属管式如图 3-18（a）所示。

（2）测量粉状非导电固体料位和黏稠性高的非导电溶液时，可以采用将金属电极直接插入圆筒形容器的中央、将仪表线与容器相连的测量方法。容器作为电容的外电极而料或液体作为绝缘介质构成圆筒形电容，实现料位和液位的测量，金属管直插式如图 3-18（b）所示。

（3）当被测介质是导电的液体（如水溶液）且容器是导电金属时，即可插入金属棒作为一个电极，而将液体和容器作为另一个电极，以绝缘套管作为中间介质，使三者形成圆筒形电容器，金属管外套聚四氟乙烯套管式如图 3-18（c）所示，这时，内、外电极的极距是聚四氟乙烯套管的壁厚。

（4）物位计的探极长度应根据现场需要选择，应稍短于容器高度。

① 小于 2.5m 时应选用棒式探极，大于 2.5m 长度时应选用缆式探极，棒式探极如图 3-19（a）所示；

② 测量固体物料并且探极长度超过 3 ~ 5m 时应选用重型缆式探极，液体物料可用轻型缆式探极，缆式探极如图 3-19（b）所示；

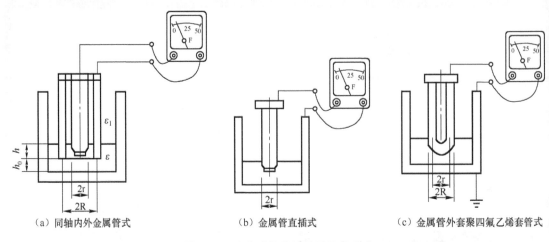

（a）同轴内外金属管式　　　　　（b）金属管直插式　　　　（c）金属管外套聚四氟乙烯套管式

图 3-18　电容式物位计几种连线方式

（a）棒式探极　　　　　　　　　　　　　　（b）缆式探极

图 3-19　各种探极的电容式物位计

③ 固体物料并且是非金属容器或物料，其介电常数 ≤ 1.8 时需加辅助探极，液体物料并且是非金属料仓或料槽和其他非规则料仓应选用同轴探极。

三、电容式传感器安装事项的认知

（1）传感器和探极的安装位置必须尽量远离进料口，并且与容器壁的距离不少于 500mm。

（2）当被测物料为固体，且容器壁为混凝土时，应注意使传感器外壳接地端子与混凝土钢筋间用导线可靠连接。

（3）若被测物料为液体，且容器为非金属时，则应由容器顶的上端加装一条金属带或导体，并与传感器外壳接地端子可靠连接，以作为一个参考电极。

（4）同轴型传感器应防堵。

（5）对于软缆型传感器，安装时需考虑传感器周围均衡，应远离爬梯等。

（6）传感器与仪表之间应用三蕊屏蔽电缆连接。

项目评价

一、思考题

1. 填空题

（1）电容式传感器是通过一定的方式引起_____发生变化，经测量电路将其转变为_____的一种测量装置。

（2）决定电容量变化的3个参数为_____、_____和_____。电容式传感器根据改变参数的不同，可分为_____、_____、_____3种类型。第1种常用于测量_____，第2种常用于测量_____，第3种常用于测量_____。

（3）测量绝缘材料的厚度须使用_____类型的传感器。

（4）测量金属材料的厚度须使用_____类型的传感器。

（5）电容式压力计测量中使用了_____类型的传感器。

（6）电容式料位计是利用介质料位变化对电容_____的影响这一原理制成的。

（7）投入式电容液位计利用改变_____参数来测量，用于测量被测物重量的改变。

（8）在实际应用中，为了提高电容式传感器的灵敏度，减小非线性误差，常常将传感器做成_____结构。

（9）将非电量的位移转换为_____变化的传感器称为位移式电容传感器，一般采用_____电容传感器。

（10）变面积式电容传感器常用于测量较大的_____。

2. 选择题

（1）电容式接近开关传感器主要用于检测（　　　）的位置。

A. 导电物体　　　B. 磁性物体　　　C. 塑料物体　　　D. 木材

（2）有一个直流三线制的电容式接近开关，输出类型为PNP输出，三根芯线的颜色分别为棕、蓝、黑，接线时电源正极接（　　　）线，电源负极接（　　　）线。

A. 棕色　　　　　　B. 黑色　　　　　　C. 蓝色

（3）电容式传感器是将被测物理量的变化转化为（　　　）量变化的一种传感器。

A. 电阻　　　　　　B. 电容　　　　　　C. 电感

（4）使用（　　　）可测量液体中的成分含量。

A. 电阻式传感器　　B. 电容式传感器

（5）采用（　　　）电容式传感器可测量物体的振动量。

A. 变隙式　　　　　B. 变面积式　　　　C. 变介电常数式

（6）采用（　　　）测量角位移。

A. 电容式传感器　　B. 电阻式传感器

（7）电容直线位移传感器是把（　　　）转变为（　　　）来进行测量的。

A. 位移　　　　　　B. 电容　　　　　　C. 面积　　　　　　D. 电压

（8）采用（　　　）电容式传感器可测量物体的加速度。

A. 变隙式　　　　　B. 变面积式　　　　C. 变介电常数式

（9）采用（　　）电容式传感器可测量压力参量。

A．变隙式　　　　　　B．变面积式　　　　C．变介电常数式

（10）电桥测量电路的作用是将电容式传感器参数的变化转换为（　　）。

A．电阻　　　　　　B．电容　　　　　　C．电压　　　　　　D．电量

3. 问答题

（1）简述电容式传感器的工作原理。

（2）根据电容式传感器的工作原理说明它的分类；电容式传感器能够测量哪些物理参量？

（3）电容式传感器的测量电路功能是什么？有哪些类型？

（4）为什么液位检测可以转化为压力检测？

（5）如果盛放液体的容器为金属圆筒型，则只需用一根裸导线即可完成液位的检测。用示意图说明这种情况，并标出电容传感器的位置。

二、技能训练

1. 图 3-20 所示为测量绝缘材料厚度的原理示意图，它是一种什么类型的电容式传感器？若改为测量金属材料的厚度，请简单地改变原理示意图？此时它又是一种什么类型的电容式传感器？

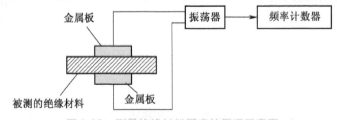

图 3-20　测量绝缘材料厚度的原理示意图

2. 图 3-21 所示为投入式液位计的安装示意图，试判断：

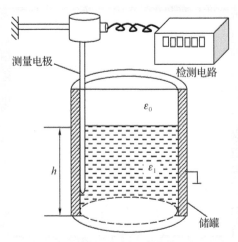

图 3-21　投入式液位计安装示意图

（1）储罐内测量的是导电液体还是非导电液体？

（2）哪两个是构成电容器的极板？

（3）投入式液位计安装方式有何错误？

三、项目评价评分表

1. 个人知识和技能评价表

班级：_____ 姓名：_____ 成绩：_____

评价方面	评价内容及要求	分值	自我评价	小组评价	教师评价	得分
实操技能	① 能观察各个电容式接近开关的线制和导线颜色，确定接线方式	10				
	② 根据所给的二线制接近开关的参考电路图，设计三线制接近开关的控制电路图，并能连接实际线路	10				
	③ 掌握电容式物位计的选用原则	10				
	④ 了解电容式传感器安装的注意事项	10				
理论知识	① 了解电容式传感器的应用场合	10				
	② 了解电容传感器的工作原理	10				
	③ 了解电容式传感器的结构及分类	5				
	④ 理解电容式传感器应用中的工作过程	15				
	⑤ 了解电容式传感器测量电路的工作原理	10				
安全文明生产和职业素质培养	① 态度认真，按时出勤，不迟到早退，按时按要求完成实训任务	2				
	② 具有安全文明生产意识，安全用电，操作规范	2				
	③ 爱护工具设备，工具摆放整齐	2				
	④ 操作工位卫生良好，保护环境	2				
	⑤ 节约能源，节省原材料	2				

2. 小组学习活动评价表

班级：_____ 小组编号：_____ 成绩：_____

评价项目	评价内容及评价分值			小组内自评	小组互评	教师评分	得分
	优秀（16～20分）	良好（12～16分）	继续努力（12分以下）				
分工合作	小组人员分工明确，任务分配合理，有小组分工职责明细表，能很好地团队协作	小组人员分工较明确，任务分配较合理，有小组分工职责明细表，合作较好	小组人员分工不明确，任务分配不合理，无小组分工职责明细表，人员各自为阵				

评价项目	评价内容及评价分值			小组内自评	小组互评	教师评分	得分
获取与项目有关的信息	优秀（16～20分）	良好（12～16分）	继续努力（12分以下）				
	能使用适当的搜索引擎从网络等多种渠道获取信息，并合理地选择、使用信息	能从网络获取信息，并较合理地选择、使用信息	能从网络或其他渠道获取信息，但信息选择不正确，使用不恰当				
实操技能	优秀（24～30分）	良好（18～24分）	继续努力（18分以下）				
	能按技能目标要求规范完成每项实操任务	能按技能目标要求规范较好地完成每项实操任务	只能按技能目标要求完成部分实操任务				
基本知识分析讨论	优秀（24～30分）	良好（18～24分）	继续努力（18分以下）				
	讨论热烈、各抒己见，概念准确、原理思路清晰、理解透彻，逻辑性强，并有自己的见解	讨论没有间断、各抒己见，分析有理有据，思路基本清晰	讨论能够展开，分析有间断，思路不清晰，理解不透彻				
总分							

>>>> 项目小结 <<<<

❶ 电容式传感器是以各种类型的极板作为传感元件，通过传感元件将被测量的变化转换为电容量的变化，再经测量电路转换为电压、电流或频率。

电容式传感器的工作原理可用平行板电容器来说明，平行板电容器的电容为

$$C=\frac{\varepsilon S}{d}$$

ε、S、d 这3个参数中任一个的变化都将引起电容的变化。在实际应用中，常常使3个参数中的两个保持不变，而改变其中一个参数来使电容发生改变。因此，电容式传感器可分为3种类型，分别是变极距式、变面积式和变介电常数式。在实际应用中，为了提高传感器的灵敏度，减小非线性，常采用差动式结构。

电容式传感器的电容变化范围很小，故通常采用测量电路。常见的电路有桥式电路、调频电路及脉冲宽度调制电路等。

电容式传感器不但应用于对位移、角度、振动、加速度、转速等机械量的精密测量，还广泛用于对压力、压力差、液位、料位、成分含量等参数的测量。

②　电容式接近开关的接线方式可以通过观察电容式接近开关的导线颜色来确定，可以根据接近开关的电气符号及接线图参考电路图来选择直流和交流的供电方式，以及 PNP 型晶体管或 NPN 型晶体管的输出类型和常闭和常开输出状态。

电容式物位计有不同的型号方式，应根据被测介质的导电特性、粘滞性、容器是否为金属罐等选择合适的电容物体计，安装时应注意传感器和探极的安装位置，被测物料物理性能、探极类型以及传感器与仪表之间连接方式。

电感式传感器的认知

项目情境

在机械、塑料物件加工过程中，常采用自动分选系统来测量和分选加工件，以实现高精度、高效率、易操控、保证加工件质量等优点。图 4-1 所示为滚柱高速自动直径分选机，其中，图 4-1（a）所示为分选机的实物图，图 4-1（b）所示为分选机的原理示意图。在图 4-1（b）中，从振动漏斗送来的被测滚柱被气缸里的推杆堵住，测微仪的测杆在电磁铁的控制下提升到一定高度。当要测量某一个滚柱时，限位挡板升起，推杆缩回，此滚柱通过落料管进入测杆正下方，然后推杆再次被气缸推出堵住其他滚柱进入分选机，与此同时，电磁铁释放测杆，电感测微仪上的测杆向下移动，钨钢测头压住滚柱，对滚柱直径进行测量。此时，滚柱直径决定了钨钢测头上、下位移的高低，电感测微器将测量到的钨钢测头位移（即滚柱直径）信号通过一系列电路转换处理后输送到计算机中，由计算机计算出直径的偏差值，随后通过电磁执行机构将相应的电磁翻板打开，使滚柱落入与其直径偏差相对应的容器中，这样便完成了滚柱的分选过程。

在整个装置中，电感测微器是影响滚柱分选的关键部件，属电感式传感器，用来检测钨钢测头的位移，即滚柱直径。

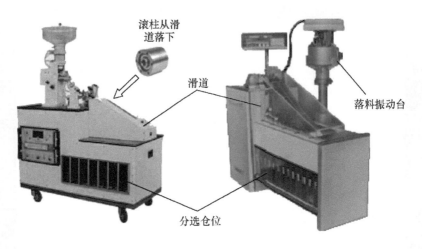

（a）实物图

图 4-1　滚柱高速自动直径分选机

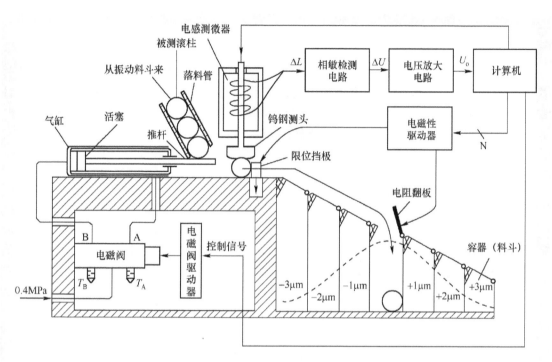

（b）原理示意图

图4-1 滚柱高速自动直径分选机（续）

目学习目标

	学 习 目 标	学 习 方 式	学 时
技能目标	① 掌握电感式接近开关的识别和检测方法； ② 了解电感式接近开关的安装方式，会根据现场实际情况选用安装方式； ③ 了解电感式接近开关使用方法和注意事项	学生实际操作和领悟，教师指导演示	2
知识目标	① 掌握电感式传感器的应用场合和使用方法，理解它们的工作过程； ② 掌握电感式传感器的工作原理，了解其结构及分类； ③ 了解电感式传感器测量电路的工作原理	教师讲授、自主探究	6
情感目标	① 培养观察与思考相结合的能力； ② 培养学会使用信息资源和信息技术手段去获取知识的能力； ③ 培养学生分析问题、解决问题的能力； ④ 培养高度的责任心、精益求精的工作热情，一丝不苟的工作作风； ⑤ 激励学生对自我价值的认同感，培养遇到困难决不放弃的韧性； ⑥ 激发学生对电感式传感器学习的兴趣，培养信息素养； ⑦ 树立团队意识和协作精神	学生网络查询、小组讨论、相互协作	

项目任务分析

本项目主要认知电感式传感器，电感式传感器分为自感式电感传感器、差动变压器式传感器和电涡流式传感器。电感式传感器是利用线圈自感和互感的变化实现非电量电测的一种装置。通过本项目的技能训练及理论学习，要求掌握电感式传感器的安装、选型、识别和检测，了解该传感器的应用场合和使用方法，理解它们的工作过程；掌握电感式传感器的工作原理，了解其结构及分类，了解常用电感式传感器测量电路的种类及功能。

任务一 了解电感式传感器的组成

电感式传感器利用电磁感应原理，通过衔铁位移将被测非电量（如位移、压力、流量、振动等参数）转换成线圈自感系数或互感系数的变化，进而通过测量电路转换为电压、电流或频率信号输出。电感式传感器的组成如图 4-2 所示。

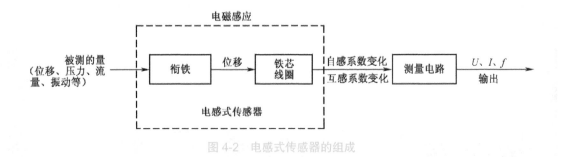

图 4-2 电感式传感器的组成

下面通过图 4-3 所示的滚柱高速自动直径分选机中的电感传感器来了解其组成。在图 4-3 中，衔铁为敏感元件，铁芯和线圈为转换元件。

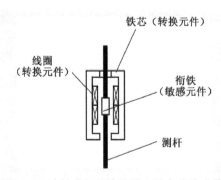

图 4-3 滚柱直径分选装置中的电感传感器

根据转换原理，电感式传感器分为自感式电感传感器、差动变压器式传感器和电涡流式传感器 3 种类型，如表 4-1 所示。

表 4-1　电感式传感器的分类及性能比较

类型	自感式电感传感器	差动变压器式传感器	电涡流式传感器
工作机理	电磁感应原理 被测量引起线圈的自感系数变化	变压器原理 被测量引起线圈间的互感系数变化	电涡流效应 被测量引起线圈的阻抗变化
性能特点	灵敏度高，测量范围较小	灵敏度高，线性范围大	结构简单，体积小，灵敏度高，抗干扰能力强，可非接触测量
使用场合	测量位移、压力、压差、振动、应变、流量等	测量位移、力、压力、压差、振动、加速度、应变等	测量振动、位移、厚度、转速、表面温度等

任务二　了解自感式电感传感器

一、自感式电感传感器的结构

自感式电感传感器的实物图如图 4-4 所示。

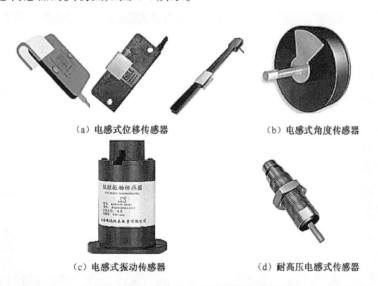

（a）电感式位移传感器　　　　　　　　（b）电感式角度传感器

（c）电感式振动传感器　　　　（d）耐高压电感式传感器

图 4-4　自感式电感传感器的实物图

自感式电感传感器主要由铁芯、线圈和衔铁组成。根据结构的不同，自感式电感传感器分为变隙式和变面积式两种，螺管式传感器属于变面积式，与变面积式仅是在结构上有所不同。表 4-2 中列出了几种类型的自感式电感传感器的性能比较。

表 4-2　自感式电感传感器的性能比较

类型	变隙式	变面积式	螺管式
结构 · 单一结构			
结构 · 差动结构			
工作原理	气隙厚度 δ 的变化引起线圈的电感变化	气隙导磁截面积 S 的变化引起线圈的电感变化	衔铁插入螺管中的长度变化引起线圈的电感变化
性能特点	输出非线性，灵敏度和非线性都随 δ 的增大而减小，δ 通常取 0.1 ~ 0.5mm	线性度好，但线性区域小，灵敏度较低	测量范围大，线性度好，结构简单，便于制作、集成，灵敏度较低
使用场合	只能用于微小位移的测量	不常用	用于测量大量程的直线位移

二、自感式电感传感器的工作原理

传感器工作时，衔铁与被测物体相连。当被测物体移动时，带动衔铁移动，气隙宽度 δ 和导磁面积 S 随之发生改变，从而引起磁路中磁阻的改变，进而导致线圈自感量发生变化。只要测出电感量的变化，就能确定衔铁（被测物体）位移量的大小和方向。线圈电感量 L 的表达式见式（4-1）。

$$L=\frac{N^2\mu_0 S}{2\delta^2} \tag{4-1}$$

在式（4-1）中，N 为线圈匝数，μ_0 为真空磁导率，S 为气隙导磁截面积，δ 为气隙厚度。

当 N、μ_0 一定时，L 由 δ 与 S 决定，两个参数中任一个的变化都将引起电感量的变化。

1. 变隙式传感器

保持 S 不变，而 δ 发生变化，即构成变隙式传感器。变隙式传感器的输入与输出呈非线性关系，为保证线性度，这种传感器只能用于微小位移的测量。

2. 变面积式传感器

保持 δ 不变，而 S 发生变化，即构成变面积式传感器。变面积式传感器的输入与输出呈线性关系，但线性区域比较小。

上述两种类型的传感器均属于单一结构的电感式传感器。电感式传感器在使用时，由于线圈内通有交流励磁电流，衔铁始终承受电磁吸力，因此它会产生振动及附加误差，而且非线性误差较大。另外，外界的干扰，如电源电压、频率变化、温度变化等，都将使输出产生误差，非线性变得严重，不适用于精密测量。因此，在实际工作中常采用由两个电气参数和几何尺寸完全相同的电感线圈共用一个衔铁构成的差动自感式电感传感器。差动自感式电感传感器如图 4-5 所示，图 4-5（a）所示为变隙式电感传感器，图 4-5（b）所示为变面积式电感传感器，图 4-5（c）所示为螺管式电感传感器。

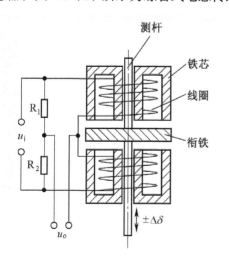

（a）变隙式电感传感器

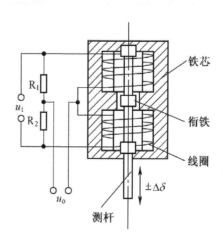

（b）变面积式电感传感器

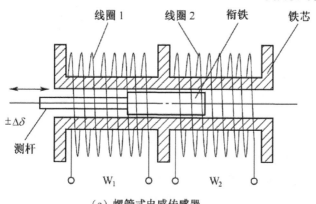

（c）螺管式电感传感器

图 4-5 差动自感式电感传感器

当衔铁随被测量物体移动而偏离中间位置时，两线圈的电感量一个增加，一个减小，形成差动，总的电感变化量与衔铁移动的距离成正比。通过分析计算可知，差动自感式电感传感器的灵敏度约为非差动式的两倍，而且线性度较好，灵敏度较高；对外界的影响，如温度变化、电源频率变化等也基本上可以互相抵消；衔铁承受的电磁吸引力也较小，从而减小了测量误差，因此常被用于电感测微仪上。

三、自感式电感传感器的测量电路

1. 电感线圈的等效电路

在实际的传感器中，线圈不可能是纯电感，它包括线圈的铜损电阻 R_c 和铁芯的涡流损耗电阻 R_e。由于线圈和测量设备电缆的接入，传感器电路存在线圈固有电容和电缆的分布电容，如图 4-6（a）所示。现用集中参数 Z 表示各种分布参数，可得到自感式电感传感器的等效电路，如图 4-6（b）所示。

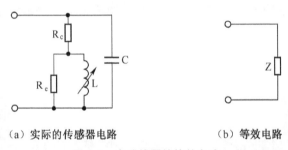

（a）实际的传感器电路   （b）等效电路

图 4-6　电感线圈的等效电路

2. 测量电路

前面已提到差动式结构可以提高灵敏度，改善线性，所以交流电桥多采用双臂工作形式。通常将传感器作为电桥的两个工作臂，电桥的平衡臂可以是纯电阻，也可以是变压器的二次侧绕组或紧耦合电感线圈，因此，电感式传感器的测量电路有交流电桥式、变压器式、紧耦合式等几种形式。

（1）交流电桥电路

交流电桥电路是电感式传感器的主要测量电路，它的作用是将线圈电感的变化转换成电桥电路的电压或电流信号输出。

在图 4-7 中，差动的两个传感器线圈接成电桥的两个工作臂（Z_1、Z_2 为两个差动传感器线圈的复阻抗），另外的两个桥臂分别用平衡电阻 R_1、R_2 代替。

（2）变压器电桥电路

变压器交流电桥使用元件少，输出阻抗小，电桥开路时电路呈线性，因此应用较广，如图 4-8 所示。

变压器的次级绕组构成电桥的两臂，电桥的另外两臂由差动自感式电感传感器的两个线圈组成，Z_1、Z_2 分别为传感器的线圈阻抗。若衔铁处于线圈的中间位置，由于线圈完全对称，因此 $Z_1=Z_2=Z$，此时桥路平衡，输出电压 $U_o=0V$。当衔铁向下移动时，下线圈的阻抗增加，$Z_2=Z+\Delta Z$，上线圈的阻抗减少，$Z_1=Z-\Delta Z$，输出电压反映了传感器线圈阻抗的变化，由于是交流信号，因此若在转换电路的输出端接上普通仪表时则无法判别输出的极性和衔铁位移的方向，必须经过适当电路（相敏检波电路）才能判别衔铁位移的大小及方向。

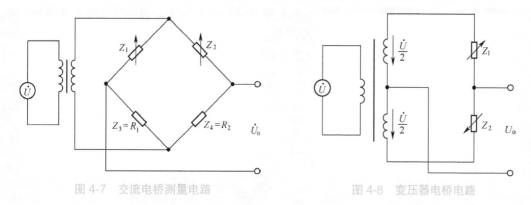

图 4-7 交流电桥测量电路   图 4-8 变压器电桥电路

此外，当衔铁处于差动电感的中间位置时，可以发现，无论怎样调节衔铁的位置，均无法使测量转换电路的输出为零，总有一个很小的输出电压（零点几毫伏，有时甚至可达数十毫伏）存在，这种衔铁处于零点附近时存在的微小误差电压称为零点残余电压。

产生零点残余电压的具体原因有：差动电感两个线圈的电气参数、几何尺寸或磁路参数不完全对称；存在寄生参数，如线圈间的寄生电感及线圈、引线与外壳间的分布电感；电源电压含有高次谐波；磁路的磁化曲线存在非线性。

减小零点残余电压的方法通常有：提高框架和线圈的对称性；减小电源中的谐波成分；正确选择磁路材料，同时适当减小线圈的励磁电流，使衔铁工作在磁化曲线的线性区；在线圈上并联阻容移相电路，补偿相位误差；采用相敏检波电路。

图 4-9（a）所示为没有采用相敏检波电路的输出特性曲线，图中的 Ur 就是零点残余电压，衔铁左右移动，输出电压始终为正电压；图 4-9（b）所示为采用了相敏检波电路的输出特性曲线，输出电压的正负与衔铁的移动方向有关，输出电压既反映了位移的大小，又反映了位移的方向。

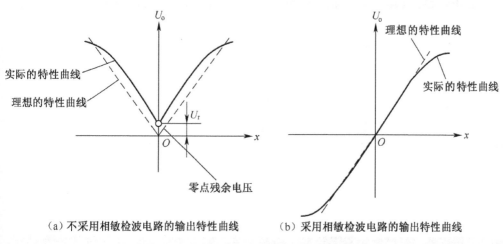

（a）不采用相敏检波电路的输出特性曲线   （b）采用相敏检波电路的输出特性曲线

图 4-9 差动自感式电感传感器的输出特性曲线

图 4-10 所示为带相敏检波整流的交流电桥。差动电感式传感器的两个线圈（L_1、L_2）作为交流电桥相邻的两个工作臂，C_1、C_2 作为电桥的另外两个臂，电桥供电电压由变压器 T_r 的次级提供。R_1、R_2、R_3、R_4 用于减小温度误差，C_3 为滤波电感，R_{W1} 为调零电位器，R_{W2} 为调节灵敏度电位器，输出电压信号由中心为零刻度的直流电压表或数字电压表指示。

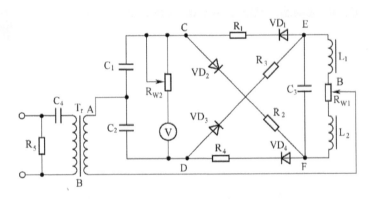

图 4-10　带相敏检波整流的交流电桥

设差动电感式传感器的线圈阻抗分别为 Z_1 和 Z_2。当衔铁处于中间位置时 $Z_1=Z_2=Z$，电桥处于平衡状态，C 点电位等于 D 点地位，电表指示为零。

当衔铁上移时，上部线圈的阻抗增大，$Z_1=Z+\triangle Z$，下部线圈的阻抗减少，$Z_2=Z-\triangle Z$。如果供桥电压为正半周，即 A 点电位为正，B 点电位为负，二极管 VD_2、VD_3 导通，VD_1、VD_4 截止。在 A-C-F-B 支路中，C 点电位由于上线圈的阻抗增大而比平衡时的 C 点电位低；在 A-D-E-B 支路中，D 点电位由于下线圈的阻抗的降低而比平衡时 D 点的电位高，所以 D 点电位高于 C 点电位，直流电压表正向偏转。如果输入交流电压为负半周，A 点电位为负，B 点电位为正，二极管 VD_1、VD_4 导通，VD_2、VD_3 截止。在 B-E-C-A 支路中，C 点电位由于 Z2 减少而比平衡时低（平衡时，输入电压若为负半周，即 B 点电位为正，A 点电位为负，C 点相对于 B 点为负电位，Z_2 减少时，C 点电位更低）；在 B-F-D-A 支路中，D 点电位由于 Z1 的增加而比平衡时的电位高，所以 D 点电位仍然是高于 C 点电位，电压表仍然正向偏转。同理可以证明，衔铁下移时电压表一直反向偏转，于是，电压表偏转的方向代表了衔铁的位移方向。

（3）紧耦合电感臂电桥

紧耦合电感臂电桥如图 4-11 所示，它以差动电感式传感器的两个线圈（Z_1、Z_2）作为电桥工作臂，而以紧耦合的两个电感（L_1、L_2）作为固定臂组成电桥电路。这种测量电路可以消除与电感臂并联的分布电感对输出电压的影响，使电桥平衡稳定，另外它还简化了接地和屏蔽的问题。

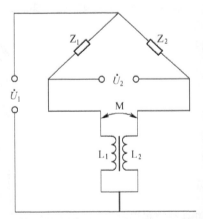

图 4-11　紧耦合电感臂电桥

四、自感式电感传感器的应用

电感式传感器测量的基本量是位移，一般用于接触测量，也可用于对振动、压力、荷重、流量、液位等参数的测量。

1. 电感式圆度仪

电感式圆度仪测量零件的圆度、波纹度、同心度、同轴度、平面度、平行度、垂直度、偏心、轴向跳动和径向跳动，并能进行谐波分析、波高波宽分析，现已广泛应用于汽车、摩托车、机床、轴承、油泵油嘴等行业工厂的车间和计量部门。电感式圆度仪如图 4-12 所示，图 4-12（a）所示为圆度仪检测系统，图 4-12（b）所示为该系统中的旁向式电感传感器，图 4-12（c）所示为圆度仪的工作原理示意图。

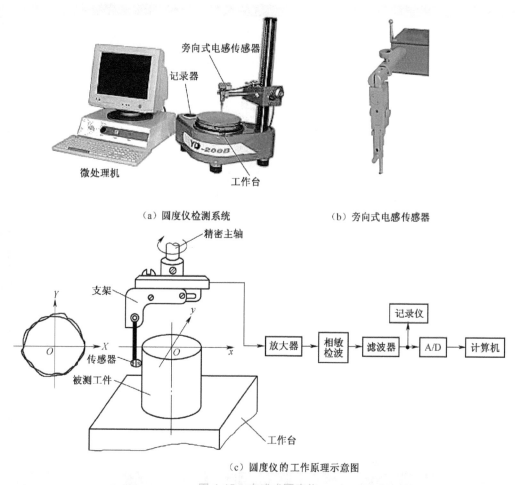

（a）圆度仪检测系统　　　　　　　　　（b）旁向式电感传感器

（c）圆度仪的工作原理示意图

图 4-12　电感式圆度仪

如图 4-12 所示，传感器与精密主轴一起回转，由于主轴的精度很高，因此在理想情况下可认为它回转运动的轨迹是"真圆"。在传感器测杆的一端装有金刚石触针，测量时将触针搭在工件上，与被测工件的表面垂直接触。当被测工件有圆度误差时，必定相对于"真圆"产生径向偏差，触针在被测工件的表面滑行时，将产生径向移动，此径向移动经支点使传感器的衔铁做同步运动，从而使包围在衔铁外面的两个差动电感线圈的电感量发生变化，电感量的变化经传感器转换成反映被测工件半径偏差信息的电信号，然后经放大、相敏检波、滤波、A/D 转换后送入计算机处理，最后显示出被测工件的圆度误差，或用记录仪记录被测工件的轮廓图形（径向偏差）。

2. 仿形车床

仿形车床通过仿形刀架按样件表面做纵向和横向随动运动，使车刀自动复制出相应形状的被加工零件，适用于圆柱形、圆锥形、阶梯形及其他成形旋转曲面的轴、盘、套、环类工件的车削加工。仿形车床如图 4-13 所示，图 4-13（a）所示为仿形车床的实物图，图 4-13（b）所示为仿形车床的工作原理示意图。

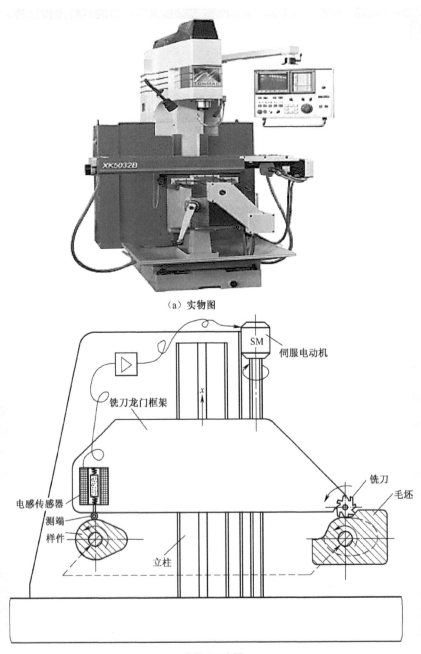

（a）实物图

（b）工作原理示意图

图 4-13　仿形机床

机床的左边转轴上固定一只标准凸轮，特加工的毛坯固定在右边的转轴上，左右两个轴同步旋转。铣刀与电感传感器安装在由伺服电动机驱动的、可以顺着立柱导轨上、下移动的龙门框架上。电感传感器的硬质合金测端与标准凸轮的外表轮廓接触。当衔铁不在差动电感线圈的中心位置时，传感器输出电压，输出电压经伺服放大器放大后，驱动伺服电动机正转（或反转），带动龙门框架上移（或下移），直至传感器的衔铁恢复到差动电感线圈的中间位置为止。龙门框架的上、下位置决定了铣刀的切削深度，当标准凸轮转过一个微小的角度时，衔铁可能被顶高（或下降），传感器必然有输出电压，伺服电动机随之转动，使铣刀架上升（或下降），从而减小（或增加）切削深度。这个过程一直持续到加工出与标准凸轮完全一样的工件为止。

3. 电感测微仪

电感测微仪是一种由差动式自感传感器构成的测量精密微小位移的装置，除螺管式电感传感器外，电感测微仪还包括测量电桥、交流放大器、相敏检波器、振荡器、稳压电源及显示器等，如图 4-14 所示。图 4-14（a）所示为电感测微仪的实物图，图 4-14（b）所示为电感测微仪的内部结构图，图 4-14（c）所示为工作原理图。

在图 4-14 中，传感器的线圈和电阻组成交流测量电桥，电桥输出的交流电压先送放大器放大，然后送相敏检波器，检波器输出直流电压，最后由直流电压表或显示器输出。

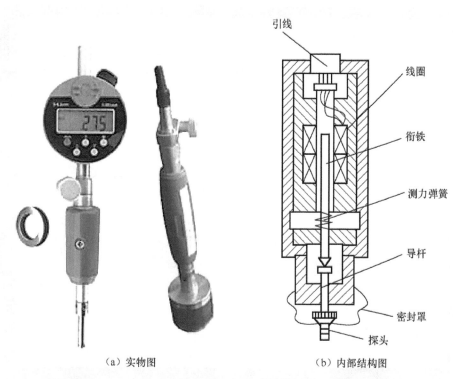

（a）实物图　　　　　　　　　（b）内部结构图

图 4-14　电感测微仪

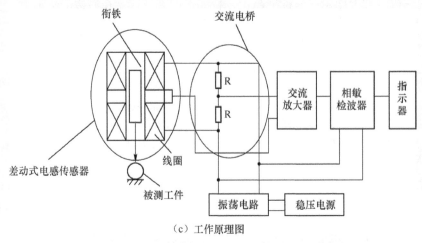

（c）工作原理图

图 4-14　电感测微仪（续）

任务三　了解差动变压器

差动变压器式传感器的工作原理类似于变压器，主要由衔铁、初级绕组、次级绕组和线圈框架等组成，初级绕组作为传感器的激励部件，相当于变压器的原边，而次级绕组由结构尺寸和参数相同的两个线圈反相串接而成，且以差动方式输出，相当于变压器的副边，因此称为差动变压器式传感器，简称差动变压器。

一、差动变压器的结构

图 4-15 所示为各种常见的差动变压器的实物图。其中：图 4-15（a）所示为线位移传感器，图 4-15（b）为角位移传感器，图 4-15（c）所示为液位计，图 4-15（d）所示为压力表。

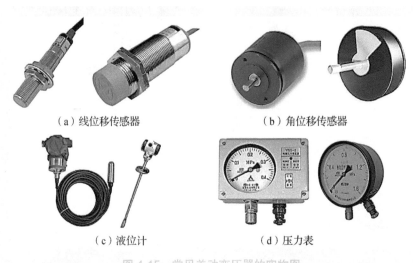

（a）线位移传感器　　　　　　　　　　（b）角位移传感器

（c）液位计　　　　　　　　（d）压力表

图 4-15　常见差动变压器的实物图

按照结构不同，差动变压器可分为变隙式、变面积式和螺管式3种类型，如表4-3所示。

表4-3 差动变压器的结构类型及性能比较

类 型	变隙式	变面积式	螺管式
结构	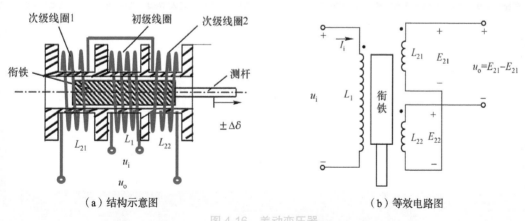		
工作机理	气隙厚度 δ 的变化引起线圈的互感变化	气隙导磁截面积S的变化引起线圈的互感变化	衔铁插入螺管中的长度变化引起线圈的互感变化
性能特点	灵敏度高，测量范围小	衔铁是旋转的，可测量角位移	灵敏度较高，线性范围较大
使用场合	测量几到几百微米的位移	常做成微动同步器来测量角位移	测量大量程直线位移

二、差动变压器的工作原理

螺管式差动变压器（三节式）如图4-16所示，图4-16（a）所示为其结构示意图，图中：u_i 为初级绕组激励电压，L_1 为初级绕组的电感，L_{21}、L_{22} 分别为两个次级绕组的电感，u_o 为差动输出电压；图4-16（b）所示为差动变压器的等效电路。当初级绕组接入电源后，次级绕组就将产生感应电动势 E_{21} 和 E_{22}，由于两个次级绕组反向串接，则差动输出电压 $U_o = E_{21} - E_{22}$。

（a）结构示意图　　　　　　　　　（b）等效电路图

图4-16 差动变压器

如果在工艺上保证两个次级绕组完全对称，那么，当衔铁处于线圈中心位置时，两个次级绕组与初级绕组间的互感相同，产生的感应电动势也相同，即 $E_{21} = E_{22}$，$u_o = 0V$。当衔铁随着被测物体移动时，一个次级绕组产生的感应电动势增加，而另一个次级绕组产生的感应电动势减少，则 $E_{21} \neq E_{22}$，$u_o \neq 0V$。u_o 与衔铁的位移 X 成正比，即

$$u_o=KX \tag{4-2}$$

由式（4-2）可知，根据 u_o 的值即可确定被测物体的位移量，u_o 的正负即可确定被测物体的移动方向。

式（4-2）中的 K 是差动变压器的灵敏度，该灵敏度与差动变压器的结构及材料有关，在线性范围内可看作常量，线性范围约为线圈骨架长度的 1/10。由于差动变压器中间部分的磁场均匀且较强，因此只有中间部分线性较好。为了提高灵敏度，应尽量提高励磁电压，取测量范围为线圈骨架长度的 1/10 ~ 1/4；电源频率采用中频，以 400Hz ~ 10kHz 为佳。

在实际应用中，由于差动变压器制作上的不对称，初级线圈的纵向排列不均匀，以及铁芯位置等因素将造成铁芯处于差动线圈中心位置时的输出电压并不为零，该输出电压称为零点残余电压。零点残余电压是衡量差动变压器性能的主要指标之一。零点残余电压的存在，使得传感器的输出特性在零点附近的灵敏度降低，分辨率变差，测量误差增大。

减小零点残余电动势可采取以下方法。

（1）在工艺上保证两个次级绕组对称（几何尺寸、电气参数、磁路），在结构上可采用可调端盖机构。另外，衔铁和导磁外壳等磁性材料必须经过热处理以消除内部残余应力，使其磁性能具有较好的均匀性和稳定性。

（2）采用导磁性能良好、磁损小的导磁材料制作传感器壳体，并兼顾屏蔽作用以抗外界干扰，同时设置静电屏蔽层。

（3）工作区域设定在铁芯磁化曲线的线性段，减小三次谐波。

（4）选用相敏检波器电路作为测量电路，这样既可判别衔铁移动方向，又可改善输出特性，减小零点残余电动势。

三、差动变压器的测量电路

差动变压器的测量电路常采用差分相敏检波电路和差分整流电路，几种典型的差分整流电路如图 4-17 所示，差动变压器的两个次级绕组线圈电流分别整流后，以它们的差值作为输出。图 4-17（a）和图 4-17（b）所示电路用于连接低阻抗负载，属电流输出型；图 4-17（c）和图 4-17（d）所示电路用于连接高阻抗负载，属电压输出型。图 4-17 中所示的可调电阻用于调整零点输出电压。

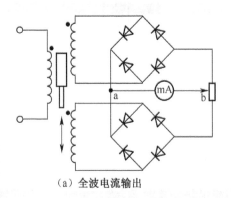

（a）全波电流输出

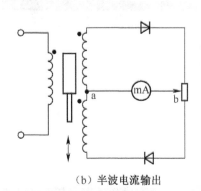

（b）半波电流输出

图 4-17　差分整流电路

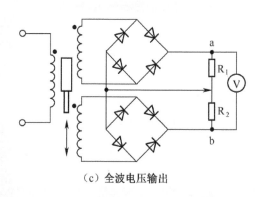
（c）全波电压输出

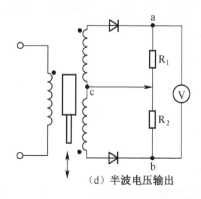
（d）半波电压输出

图 4-17　差分整流电路（续）

一般经相敏检波和差分整流输出的信号还必须通过低通滤波器，把调制的高频信号滤掉，使衔铁运动产生的有效信号通过。

四、差动变压器的应用

1. 振动计

将差动变压器安装在悬臂梁上可构成振动计，如图 4-18 所示。其中，图 4-18（a）所示为结构图，图 4-18（b）所示为测量电路框图。

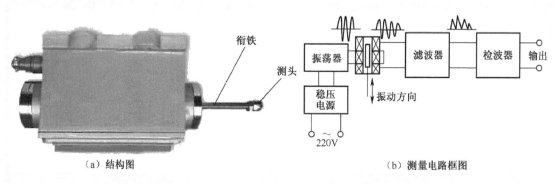

（a）结构图　　　　　　　　　　　　（b）测量电路框图

图 4-18　振动计

振动计外壳的铁芯上绕有电磁线圈，通以高频交流电，由软弹簧支撑的大惯性质量与铁芯间有 δ 间隙。振动时，差动变压器的衔铁随着物体的振动而发生位移，从而导致其线圈的电感量发生变化，输出电压随之改变。经过整流、滤波后，输出与振动成正比的电信号。

2. 浮筒式液位计

图 4-19 所示为浮筒式液位计，图 4-19（a）所示为实物照片，图 4-19（b）所示为差动变压器测量液位的原理示意图。差动变压器的衔铁与浮筒刚性连接，用弹簧平衡浮力。平衡时，压缩弹簧的弹力与浮筒浮力及重力相平衡，使衔铁处于中心位置时，差动变压器输出信号 $U_o=0$；当液位上升或下降时，浮筒上、下移动，弹簧被压缩或被拉伸，与浮筒相连的衔铁也上、下位移，导致衔铁发生位移，输出电压 $U_o \neq 0$，其大小与衔铁位移即液位的变化成正比，通过相应的测量电路便能确定该液位的高低，并以一定的方式显示出来。

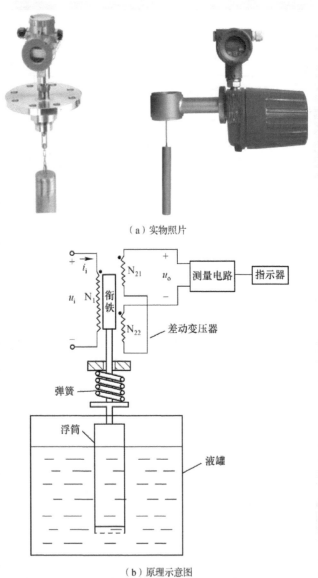

（a）实物照片

（b）原理示意图

图4-19　浮筒式液位计

3. 差动压力变送器

差动压力变送器适用于测量各种液体、水蒸气及气体的压力，主要由膜盒、随膜盒膨胀与收缩的铁芯、感应线圈以及电子线路等组成，如图4-20所示。图4-20（a）所示为差动压力变送器的实物图，图4-20（b）所示为差动压力变送器的内部结构图，图4-20（c）所示为工作原理示意图。

当无压力（即压力为零时）时，固接在膜盒中心的衔铁处于差动压力变送器的初始平衡位置上，两个次级绕组输出的电压相等。由于两个次级绕组差动连接，极性相反，因此输出电压相互抵消，使得传感器输出电压为零。当被测压力 p_1 输入到膜盒中心时，膜盒的自由端面（图4-20（b）所示上端面）便产生一个与 p_1 成正比的位移，且带动衔铁沿垂直方向向上移动，导致两个次级绕组输出的电压不再相等，二者的电压差即为差动压力变送器输出电压，该电压正比于被测压力，经过安装在线路板上的电子线路检波、整形和放大后，送到仪表加以显示。

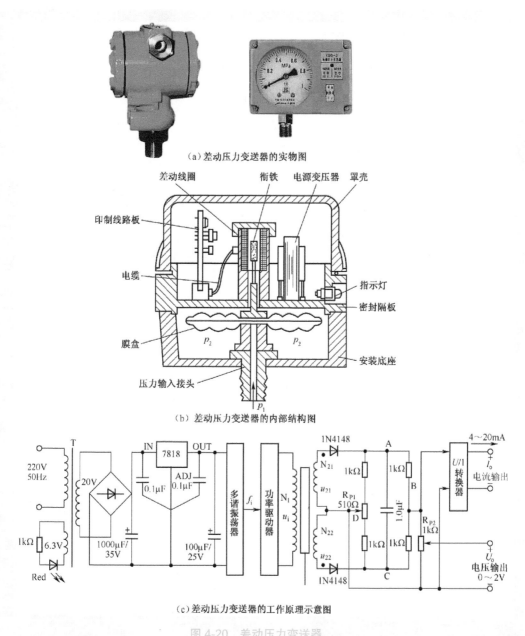

（a）差动压力变送器的实物图

（b）差动压力变送器的内部结构图

（c）差动压力变送器的工作原理示意图

图 4-20 差动压力变送器

任务四 了解电涡流式传感器

将金属导体置于变化的磁场中，导体内就会产生感应电动势，并自发形成闭合回路，产生感应电流。该电流就像水中漩涡一样在导体中转圈，因此被称为涡流。涡流现象被称为涡流效应，电涡流式传感器就是利用涡流效应来工作的。

一、电涡流式传感器的结构

电涡流式传感器的实物如图 4-21 所示。

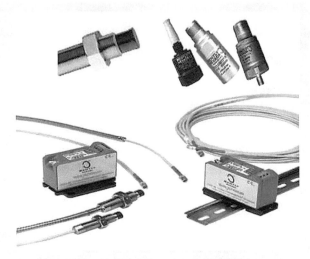

图 4-21　电涡流传感器的实物图

二、电涡流式传感器的工作原理

电涡流式传感器主要由安置于框架上的扁平线圈构成，图 4-22 所示为电涡流式传感器的工作原理图。

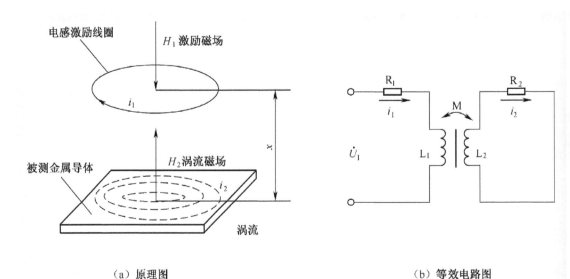

（a）原理图　　　　　　　　　　（b）等效电路图

图 4-22　电涡流式传感器的工作原理

给电感激励线圈中通以正弦交流电 i_1 时，线圈周围将产生正弦交变磁场 H_1，使位于此磁场中的被测金属导体感应出电涡流 i_2，i_2 又产生新的交变磁场 H_2，H_2 将阻碍原磁场 H_1 的变化，从而导致线圈内阻抗发生变化。线圈阻抗的变化既与电涡流效应有关，又与静磁学效应有关，即与金属导体的电导率、磁导率、几何形状、线圈的几何参数、激励电流频率以及线圈到金属导体的距离等参数有关。电涡流传感器正是利用这个定律将传感器与被测金属导体之间距离的变化转换成线圈品质因数、等效阻抗和等效电感 3 个参数的变化，再通过测量、检波、校正等电路变为线性电压（电流）的变化。

三、电涡流式传感器的测量电路

1. 桥式电路

如图 4-23 所示，桥式电路中的 L_1 和 L_2 为传感器的两个电感线圈，分别与选频电容 C_1 和 C_2 并联组成两个桥臂，电阻 R_1 和 R_2 组成另外的两个桥臂，由振荡器供给交流电源。静态时，电桥平衡，桥路输出 $U_{AB}=0V$。当传感器接近被测导体时，电涡流效应使传感器的等效电感 L 发生变化，电桥失去平衡，即 $U_{AB} \neq 0V$。U_{AB} 经线性放大后送检波器检波，然后输出直流电压 U_o，这样，桥式电路通过传感器线圈的阻抗变化转换为电压的变化，就可得到与被测量成正比的电压输出。

2. 谐振电路

谐振电路以传感器线圈（L）与调谐电感（C）组成并联谐振回路，如图 4-24 所示。由石英晶体振荡器提供高频励磁电流。

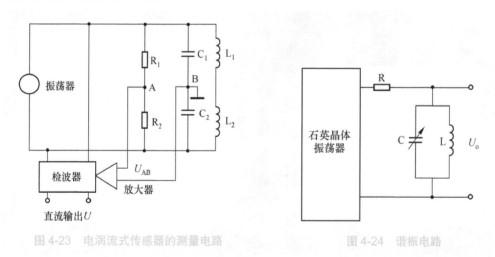

图 4-23 电涡流式传感器的测量电路　　图 4-24 谐振电路

初始状态时，传感器远离被测物体，调整 LC 回路谐振频率，使其等于石英晶体振荡器的频率，即

$$f=\frac{1}{2\pi\sqrt{LC}} \tag{4-3}$$

此时，LC 谐振回路的等效阻抗 Z 最大。当传感器线圈与被测体之间的距离发生变化时，电涡流线圈的等效电感 L 也随之变化，LC 回路的频率偏离谐振频率，回路等效阻抗显著减少，输出电压 U_o 也跟着发生变化。

根据 LC 谐振回路的幅频特性，谐振电路分为调幅法和调频法。采用调幅法时，以 LC 谐振回路的电压作为输出量，输出电压 U_o 正比于 LC 谐振电路的阻抗 Z，Z 越大，U_o 越高，从而通过测量输出电压的大小便可实现位移量的测量；采用调频法时，以 LC 谐振回路的频率作为输出量，直接用频率计测量，或通过测量 LC 回路的等效电感 L 间接测量频率的变化量。

四、电涡流传感器的应用

电涡流传感器是一种基于电涡流效应的传感器，用于对机械中的振动与位移、转子与机壳的热膨胀量的长期监测，生产线的在线自动监测与自动控制，科学研究中的多种微小距离与微小运动的测量等。总之，电涡流传感器目前已被广泛应用于能源、化工、医学、汽车、冶金、机器制造、军工、科研教学等诸多领域，并且还在不断地扩展。

1. 电涡流位移计

电涡流位移计用来测量被测体（必须是金属导体）与探头端面的相对位置，如图 4-25 所示。图 4-25（a）所示为电涡流位移计的实物图，主要由探头、延伸电缆、前置器和附件组成。电涡流位移计常被用于测量大型旋转机械的轴向位移，如图 4-25（b）所示；测量磨床换向阀、先导阀的位移量，如图 4-25（c）所示；根据检测金属试件轴向膨胀量来间接测量金属热膨胀系数，如图 4-25（d）所示。通过对各项参数的长期实时监测，可以分析出设备的工作状况和故障原因，有效地对设备进行保护及预测性维修。

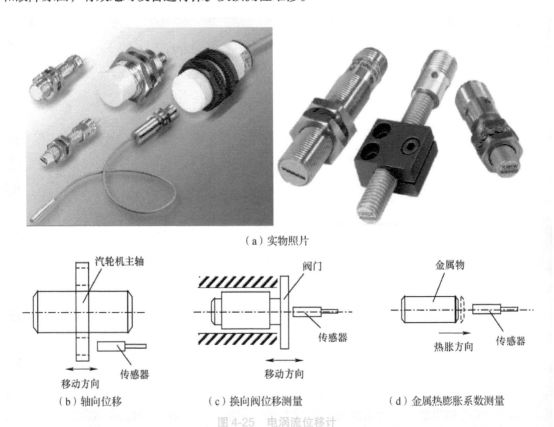

（a）实物照片

（b）轴向位移　　　　　　　（c）换向阀位移测量　　　　　　（d）金属热膨胀系数测量

图 4-25　电涡流位移计

对于许多旋转机械，包括发电机、燃汽轮机、离心式和轴流式压缩机等，轴向位移是一个十分重要的信号，过大的轴向位移将会引起设备损坏。使用电涡流位移计测量发电机轴向位移的原理图如图 4-26 所示。通过联轴器把汽轮机和发电机的主轴对接起来，用电涡流探头监测主轴的轴向位移变化，以判断发电机的机械故障，防止因轴向位移过大而使发电机不能正常工作。

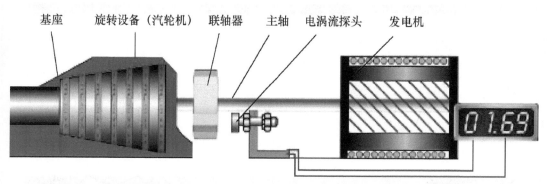

图 4-26　电涡流位移计轴向位移测量的原理图

2. 金属探雷器

利用金属的电涡流效应可以探测带有金属部件的地雷，金属探雷器如图 4-27 所示。图 4-27（a）所示为探雷手探测地雷的照片，图 4-27（b）所示为金属探雷器实物图。

金属探雷器辐射出电磁场，当探头靠近金属壳或装有金属引线、电路等部件的地雷时，探头受激产生涡电流，涡电流又产生新的电磁场作用于探头，从而引起振荡器频率发生变化，使金属探雷器的报警装置——耳机中的声调改变，探雷手便可判断出是否有地雷，还可根据其声调大小、变化特征从而辨别出是什么类型的地雷。

（a）探雷手探测地雷的照片　　　　（b）金属探雷器实物图

图 4-27　金属探雷器

3. 电涡流转速计

电涡流转速计如图 4-28 所示。图 4-28（a）所示为电涡流转速计的实物图，图 4-26（b）所示为转轴带凹槽的电涡流转速计的工作原理示意图，图 4-26（c）所示为转轴带凸槽的电涡流转速计的工作原理示意图。

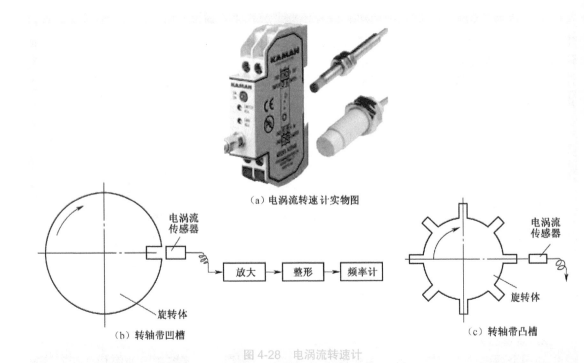

（a）电涡流转速计实物图

（b）转轴带凹槽

（c）转轴带凸槽

图 4-28　电涡流转速计

　　在旋转体上开一条或数条槽（凹槽或凸槽），旁边安装一个电涡流传感器。当轴转动时，传感器与转轴之间的距离发生改变，使输出信号也随之变化。该输出信号经放大、整形后，由频率计测出变化的频率，从而测出转轴的转速。

4. 电磁炉

　　电磁炉是一种利用电涡流效应将电能转换为热能的家用电器，如图 4-29 所示。图 4-29（a）所示为电磁炉实物图，在电磁炉内部装有励磁线圈，如图 4-29（b）所示，电磁炉原理示意图如图 4-29（c）所示。当不锈钢锅放置在炉面时，打开电磁炉电源，电磁炉内部电路产生 20～40kHz 的高频电压，高频电流通过励磁线圈，产生高速变化的磁场，无数封闭磁场线通过不锈钢锅底部，在不锈钢锅内产生无数的小涡流，使锅体自行高速发热，烧开锅内的食物。若采用砂锅或其他非金属锅，磁场内的磁力线通过非金属物体，不会产生涡流，不会产生热量，不能给锅内的食物加热，因此，电磁炉仅适用金属锅具。

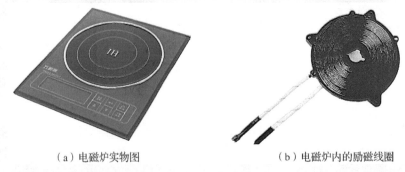

（a）电磁炉实物图

（b）电磁炉内的励磁线圈

图 4-29　电磁炉

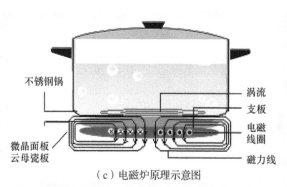

（c）电磁炉原理示意图

图 4-29 电磁炉（续）

5. 电涡流式通道安全检查门

为确保航空运行的安全，在机场安检处都安装了安全检查门。图 4-30 所示为电涡流式通道安全检查门示意图。

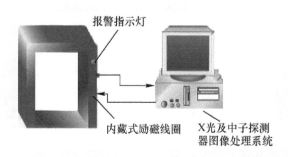

图 4-30 电涡流式通道安全检查门示意图

安检门的内部设置了发射线圈和接收线圈。当有金属物体通过时，交变磁场就会在该金属导体表面产生电涡流，在接收线圈中感应出电压，计算机根据感应电压的大小、相位来判定金属物体的大小，同时报警指示灯闪亮。在安检门的侧面还安装一台"软 X 光"扫描仪，使用软件处理的方法，可合成完整的光学图像。

任务五　电感式传感器技能训练

一、电感式接近开关的识别和检测

电感式接近开关是一种利用电涡流原理制成的具有开关量输出的位置传感器，主要用于检测金属物体的位置及对其进行外形判断，电感式接近开关的外形、结构及工作原理如图 4-31 所示。

由图 4-31 可知，电感式接近开关由振荡电路、整形检波电路和信号处理电路等组成。接通电源后，振荡电路在开关感应面会产生一个交变磁场，当金属物体靠近感应面时，金属物体中会产生涡流，该涡流反过来影响振荡器振荡，使振荡减弱，甚至停振。振荡的变化被后级电路处理后，转换成开关信号输出，驱动控制元件，从而完成非接触检测物体的目的。

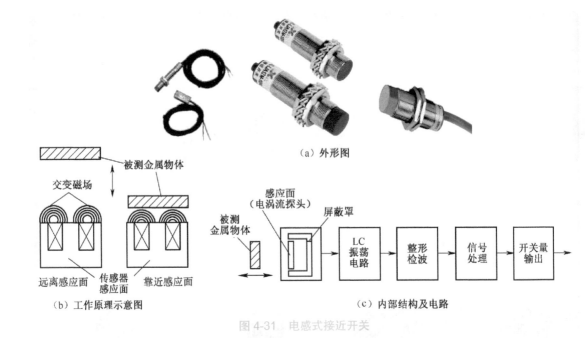

（a）外形图

（b）工作原理示意图

（c）内部结构及电路

图 4-31　电感式接近开关

电感式接近开关有二线制、三线制和四线制等接线方式；连接的导线多采用 PVC 外皮的铜芯线，导线颜色多为棕、黑、蓝、黄；供电方式有直流供电和交流供电；输出类型多为 PNP 型晶体管或 NPN 型晶体管输出，输出状态有动合（常开）和动断（常闭）两种形式。

1. 材料及仪器

（1）各种类型的电感式接近开关若干。

（2）输出可调的直流稳压电源 1 台。

（3）不同电压等级的信号灯、蜂鸣器若干。

（4）继电器若干。

（5）被测金属物体若干。

（6）电工工具、导线若干。

2. 步骤

（1）电感式接近开关的识别

观察所给电感式接近开关的线制和导线颜色，查看使用说明书，初步确定接线方式，并将主要技术参数填入表 4-4 中。

表 4-4　电感式接近开关技术参数记录表

序　号	开关型号	接线方式	输出类型	供电方式	工作电流	工作电压
1						
2						
3						
4						
5						
6						

（2）电感式接近开关的接线训练

二线制和三线制接近开关的接线图如图 4-32 所示，图 4-33 给出了电感式接近开关的直接控制电路，图 4-34 给出了二线制接近开关的继电器控制电路。根据所给的参考电路图，分析各种控制电路的工作原理，自行设计三线制接近开关的继电器控制电路图。电路图设计完毕，经指导教师检验合格后，方可进行实际线路的连接。

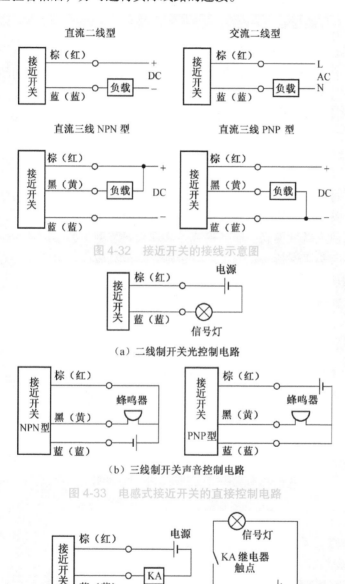

图 4-32　接近开关的接线示意图

（a）二线制开关光控制电路

（b）三线制开关声音控制电路

图 4-33　电感式接近开关的直接控制电路

图 4-34　二线制接近开关的继电器控制电路

（3）电感式接近开关的性能测试

电感式接近开关只能检测金属物体，检测距离随金属材料的不同而不同。完成步骤

（2）中各种电路的接线后，逐一进行性能测试。测试时，将被测金属物体逐渐靠近电感式接近开关的感应面，直到开关动作，记录动作距离，并观察电路中信号灯及蜂鸣器的变化，分析变化的原因。在继电器控制电路中，注意倾听继电器的吸合声音及信号灯的变化。

3. 注意事项

（1）接线前一定要看清接近开关的供电方式是直流还是交流，输出是NPN型还是PNP型，然后按照接线示意图接线。

（2）在图4-33（a）所示的控制电路中，接近开关的额定电流要大于信号灯的启动电流，二者的工作电压要一致。否则，不能直接接线，以免损坏接近开关，此时应参考图4-34所示的继电器控制电路接线。

（3）在继电器控制电路中，要注意电源电压不能大于继电器及信号灯的额定电压。

二、电感式接近开关安装注意事项

电感式接近开关的安装方式分为齐平式和非齐平式，如图4-35所示。齐平式（又称埋入型）的接近开关是将传感器埋入金属性基座内，其表面可与被安装的金属性基座形成同一表面。齐平式接近开关有更好的机械保护性能，不易被碰坏，但灵敏度较低，可以通过一个专门的内部屏蔽环来使灵敏度提高。非齐平式（非埋入安装型）的接近开关则需要把感应头露出一定高度，必须与基座保持一定的尺寸，否则将降低灵敏度。电感式接近开关有效感应工作表面最大的可能动作距离（与直径有关）是用非齐平式传感器来获得的。齐平式安装的传感器与非齐平式安装的传感器相比较，其作用距离大约是后者的69%。

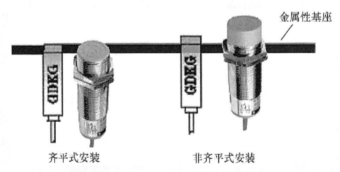

图 4-35　电感式接近开关的安装方式

在安装过程中需要考虑以下几个问题。
（1）根据安装要求合理选择外形和检测距离。
（2）根据供电合理选用工作电压。
（3）根据实际负载合理选择传感器工作电流。
（4）合理选择接线方式。

三、电感式接近开关使用方法及注意事项的认知

（1）为了保证不损坏接近开关，在接通电源前必须检查接线是否正确,核定电压是否为额定值。
（2）与控制电路相连接时，必须考虑控制电路上的最小驱动电流和最低驱动电压，确保

电路正常工作。

（3）DC 二线制接近开关有 0.5 ～ 1mA 的静态泄漏电流，在一些对泄漏电流要求较高的场合下，可改用 DC 三线制接近开关。

（4）使用二线制传感器时，在连接电源前，需确定传感器先经负载再接至电源，以免损坏内部元件。当负载电流小于 3mA 时，为保证可靠工作，需接假负载。

（5）直流三线制串联时，应考虑串联后其电压降的总和。

（6）直流型接近开关使用电感型负载时，在负载两端必须并接一个续流二极管，以免损坏接近开关的输出极。

（7）不要将电感接近开关置于 0.02T 以上的磁场环境中使用，以避免造成误动作。

（8）为了使接近开关长期稳定工作，必须对其做定期维护，包括被检测物体和接近开关的安装位置是否有移动或松动，接线和连线部位是否接触不良，是否有金属粉尘粘附等。

（9）如果在传感器电缆线附近，有高压或动力线存在时，应将传感器的电缆线单独装入金属导管内，以防干扰。

目评价

一、思考题

1. 填空题

（1）单线圈螺管式电感传感器主要由_____和可沿线圈轴向移动的_____组成。

（2）电感式传感器一般用于测量_____，也可用于对振动、压力、荷重、流量、液位等参数的测量。

（3）对于差动变压器，当衔铁处于_____位置时，两个次级绕组与初级绕组间的互感相同。初级绕组加入激励电源后，两个次级绕组产生的感应电动势相同，输出电压为零。但在实际应用中，铁芯处于差动线圈中心位置时的输出电压并不为零，则该电压称为_____电压。

（4）电涡流传感器的整个测量系统由_____和_____两部分组成。

（5）电感式接近开关是一种有开关量输出的位置传感器，利用_____原理制成，主要用于_____物体的位置检测及判断。

（6）单线圈螺管式电感传感器相比于变隙式电感传感器优点很多，缺点是_____低，它被广泛用于测量_____。

（7）电涡流传感器常采用_____电路和_____电路作为测量电路。

（8）自感式电感传感器实质上是一个带_____的铁芯线圈，主要由_____、_____和_____组成。

（9）单一结构的电感传感器不适用于精密测量，在实际工作中常采用两个电气参数和几何尺寸完全相同的电感线圈共用一个衔铁构成的_____式电感传感器，

（10）互感式电感传感器主要由_____、_____和_____组成。由于在使用时两个次级绕组反向串接，以_____方式输出，因此称为差动变压器式传感器。

2. 选择题

（1）通常使用电感式传感器测量（　　）。

A．电压　　　　　　　B．磁场强度　　　　C．位移　　　　　　　D．压力

（2）单线圈螺管式电感传感器广泛用于测量（　　）。

A．大量程角位移　　　　　　　　　　B．小量程角位移

C．大量程直线位移　　　　　　　　　D．小量程直线位移

（3）差动变压器的测量电路常采用（　　）。

A．直流电桥　　　　　　　　　　　　B．交流电桥

C．差分相敏检波电路和差分整流电路　D．运算放大器电路

（4）为了使螺管式差动变压器式传感器具有较好的线性度，通常（　　）。

A．取测量范围为线圈骨架的 1/10 ~ 1/4

B．取测量范围为线圈骨架的 1/2 ~ 2/3

C．激励电流频率采用中频

D．激励电流频率采用高频

（5）欲测量极微小位移应选择（　　）电感传感器；希望线性好、测量范围大，应选择（　　）自感传感器。

A．变隙式　　　　　B．变面积式　　　　C．螺管式

（6）自感式传感器采用差动结构是为了（　　）。

A．加长线圈长度，从而增加线性范围

B．提高灵敏度，减小测量误差

C．降低成本

D．增加线圈对衔铁的吸引力

（7）与自感式传感器配用的测量电路主要有（　　）。

A．差动相敏检波电路　　　　　　　　B．差动整流电路

C．直流电桥　　　　　　　　　　　　D．变压器交流电桥

（8）电感式接近开关能够检测（　　）的位置。

A．金属物体　　　　B．塑料　　　　　C．磁性物体

（9）由于电涡流传感器结构简单，又可实现（　　）的测量，因此得到了广泛应用。

A．接触　　　　　　B．非接触

（10）螺管式传感器属于（　　）式，两者仅仅是结构不同而已。

A．变隙　　　　　　B．变面积

（11）电涡流接近开关可以利用电涡流原理检测出（　　）的接近程度。

A．人体　　　　　　B．水　　　　　　C．黑色金属零件　D．塑料零件

3. 问答题

（1）说明单线圈电感传感器和差动式电感传感器的主要组成和工作原理。

（2）电感式传感器测量电路的主要任务是什么？

（3）概述差动变压器式传感器的组成和工作原理，用差动变压器测量较高频率，如 10kHz 的振幅，可以吗？为什么？

（4）什么是电涡流效应？简述电涡流式传感器的基本结构与工作原理。

（5）简述电感式传感器的应用。

（6）简述电涡流式传感器的应用。

二、技能训练

1. 图 4-36 所示为电涡流传感器的几种典型应用，试分析它们的工作原理。

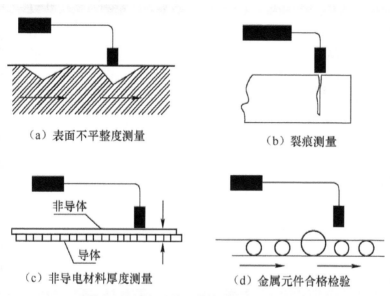

（a）表面不平整度测量　　　　　（b）裂痕测量

（c）非导电材料厚度测量　　　　　（d）金属元件合格检验

图 4-36　电涡流传感器的几种典型应用

2. 根据图 4-37 所给出的元件设计电感式三线制接近开关继电器控制电路，按照电路图将各元件正确地连接起来。

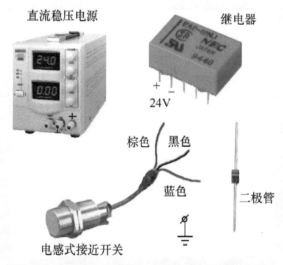

图 4-37　电感式三线制接近开关继电器控制电路元件

三、项目评价评分表

1. 个人知识和技能评价表

班级：_____ 姓名：_____ 成绩：_____

评价方面	评价内容及要求	分值	自我评价	小组评价	教师评价	得分
实操技能	① 能观察各种电感式接近开关的线制和导线颜色，确定接线方式	10				
	② 根据所给的二线制接近开关的参考电路图，设计三线制接近开关的控制电路图，并能连接实际线路	10				
	③ 了解电感式接近开关的安装方式	10				
	④ 了解电感式接近开关使用方法及注意事项	10				
理论知识	① 了解电感式传感器的应用场合	10				
	② 了解电感传感器的工作原理	10				
	③ 了解电感式传感器的结构及分类	5				
	④ 理解电感式传感器应用中的工作过程	15				
	⑤ 了解测量电路的工作原理	10				
安全文明生产和职业素质	① 态度认真，按时出勤，不迟到早退，按时按要求完成实训任务	2				
	② 具有安全文明生产意识，安全用电，操作规范	2				
	③ 爱护工具设备，工具摆放整齐	2				
	④ 操作工位卫生良好，保护环境	2				
	⑤ 节约能源，节省原材料	2				

2. 小组学习活动评价表

班级：_____ 小组编号：_____ 成绩：_____

评价项目	评价内容及评价分值			小组内自评	小组互评	教师评分	得分
	优秀（16～20分）	良好（12～16分）	继续努力（12分以下）				
分工合作	小组人员分工明确，任务分配合理，有小组分工职责明细表，能很好地团队协作	小组人员分工较明确，任务分配较合理，有小组分工职责明细表，合作较好	小组人员分工不明确，任务分配不合理，无小组分工职责明细表，人员各自为阵				

评价项目	评价内容及评价分值			小组内自评	小组互评	教师评分	得分
获取与项目有关的信息	优秀（16～20分）	良好（12～16分）	继续努力（12分以下）				
	能使用适当的搜索引擎从网络等多种渠道获取信息，并合理地选择、使用信息	能从网络获取信息，并较合理地选择、使用信息	能从网络或其他渠道获取信息，但信息选择不正确，使用不恰当				
实操技能	优秀（24～30分）	良好（18～24分）	继续努力（18分以下）				
	能按技能目标要求规范完成每项实操任务	能按技能目标要求规范较好地完成每项实操任务	只能按技能目标要求完成部分实操任务				
基本知识分析讨论	优秀（24～30分）	良好（18～24分）	继续努力（18分以下）				
	讨论热烈、各抒己见，概念准确、原理思路清晰、理解透彻，逻辑性强，并有自己的见解	讨论没有间断、各抒己见，分析有理有据，思路基本清晰	讨论能够展开，分析有间断，思路不清晰，理解不透彻				
总分							

>>>> 项目小结 <<<<

❶ 应电感式传感器是利用电磁感应原理把被测物理量，如位移、压力、流量、振动等的变化转换成线圈的电感的变化，再由测量转换电路转换为电压、电流或频率的变化量输出，从而实现测量的装置。电感式传感器有自感式电感传感器、差动变压器式传感器和电涡流传感器3种类型。

自感式电感传感器由铁芯、线圈和衔铁组成，可以将衔铁位移的变化转换为线圈自感系数的变化，经过测量电路转换为正比于位移量的电压或电流输出。常用的自感式电感传感器可分为变隙式、变面积式和螺管3种类型。在实际应用中，这3种传感器多制成差动式，以便提高线性度，减小测量误差。

互感式传感器是根据变压器的基本原理制成的，主要由衔铁、初级绕组和次级绕组组成。初级绕组和次级绕组间的互感量随着衔铁的移动而变化，次级绕组的输出电压与衔铁的位移成正比。由于在使用时，两个次级绕组反向串接，并以差动方式输出，因此称为差动变压器式传感器，简称差动变压器。目前，应用最广泛的是螺管式差动变压器。

将金属导体置于变化的磁场中，导体内就会产生感应电动势，并自发形成闭合回路，产生感应电流。该电流称为涡流，这种现象被称为涡流效应，电涡流式传感器就是利用涡流效应来工作的。

电感式传感器主要用于测量位移，凡是能转换成位移变化的参数，如压力、压差、加速度、振动、工件尺寸等，均可用电感式传感器来测量。

② 电感式接近开关的接线方式可以通过观察电感式接近开关的导线颜色来确定，可以根据接近开关的电气符号及接线图、 参考电路图来选择直流和交流的供电方式，以及 PNP 型晶体管或 NPN 型晶体管的输出类型和常闭和常开输出状态。

电感式接近开关的安装分为齐平式和非齐平式两种方式，齐平式接近开关具有很好的机械保护性能，不易被碰坏，但灵敏度低。非齐平式接近开关的安装位置要与金属基座保持一定的尺寸，非齐平式安装比齐平式安装的传感器作用距离大。安装时应注意选择外形和检测距离，选用工作电压，选择传感器工作电流。

电感式接近开关的使用过程中应注意接线的正确性，避免在强的磁场环境下使用，做好定期维护等，并注意防干扰措施。

压电式传感器的认知

项目情境

汽车爆震是由于汽车燃烧室内的混合气体异常燃烧爆炸而产生的一种震动现象,这种现象若反复出现会使汽车燃烧室内壁的温度剧烈升高而损坏发动机零件,因此,为防止爆震现象给汽车发动机带来的损害,通常将爆震传感器安装在发动机缸体上以检测震动情况。

汽车防爆震系统如图 5-1 所示,系统中起关键作用的是压电式爆震传感器。图 5-1(a)所示为爆震传感器的实物图,图 5-1(b)所示为爆震传感器的安装位置,爆震传感器的结构如图 5-1(c)所示,爆震传感器控制电路如图 5-1(d)所示。这种传感器利用结晶或陶瓷多晶体的压电效应工作的,也有利用掺杂硅的压电效应而工作的。该传感器的外壳内装有压电元件、配重块及导线等。当发动机的汽缸体出现振动并传递到传感器外壳时,外壳与配重块之间产生相对运动,夹在这两者之间的压电元件所受的压力将发生变化,在压电元件的两个极面上产生与发动机缸体内的压力成比例的电压信号,爆震传感器将这一电压信号发送至发动机控制单元(1320),发动机控制单元根据电压值的大小判断爆震强度,以控制电风扇和空调压缩机的启动。

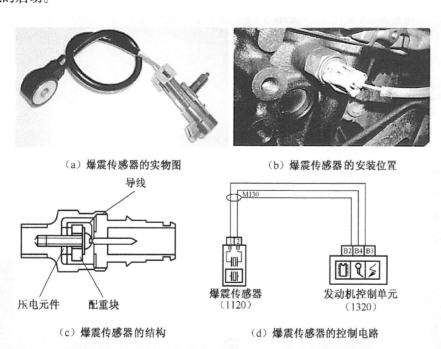

(a)爆震传感器的实物图　　　　(b)爆震传感器的安装位置

(c)爆震传感器的结构　　　　(d)爆震传感器的控制电路

图 5-1　汽车防爆震系统

项目学习目标

	学 习 目 标	学 习 方 式	学 时
技能目标	① 掌握压电陶瓷片的识别和检测方法； ② 了解压电式加速计的安装方式	学生实际操作和领悟，教师指导演示	2
知识目标	① 掌握压电式传感器的应用场合和应用方法，理解它们的工作过程； ② 掌握压电式传感器的工作原理； ③ 掌握压电式传感器等效电路； ④ 了解压电式传感器测量电路的工作原理	教师讲授、自主探究	2
情感目标	① 培养观察与思考相结合的能力； ② 培养学会使用信息资源和信息技术手段去获取知识的能力； ③ 培养学生分析问题、解决问题的能力； ④ 培养高度的责任心、精益求精的工作热情，一丝不苟的工作作风； ⑤ 激励学生对自我价值的认同感，培养遇到困难绝不放弃的韧性； ⑥ 激发学生对压电式传感器学习的兴趣，培养信息素养； ⑦ 树立团队意识和协作精神	学生网络查询、小组讨论、相互协作	

项目任务分析

本项目主要认知压电式传感器，压电式传感器是一种自发式传感器，它以某些电介质的压电效应为基础，在外力作用下，在电介质避免产生电荷，从而实现对非电量电测的目的。通过本项目的技能训练及理论学习，要求掌握压电陶瓷片的识别和检测，了解压电式传感器的安装、选型、识别和检测，了解该传感器的应用场合和使用方法，理解它们的工作过程；掌握压电效应的基本概念，掌握压电式传感器的工作原理，了解其结构及分类，了解压电元件的等效电路。

任务一　了解压电式传感器的组成

压电式传感器是一种力敏传感器，它可以测量力或最终转换为力的那些非电物理量，例如，动态力、动态压力、振动加速度、位移等，但不能用于静态参数的测量。利用压电效应，传感器将压电材料所受的外力转换为电压信号。压电式传感器的组成如图 5-2 所示。

图 5-2 压电式传感器的组成

下面通过爆震传感器探头的内部结构来了解压电式传感器的组成，如图 5-3 所示。这里的压电式传感器集敏感元件和转换元件于一体。

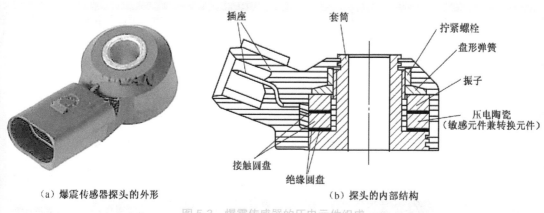

（a）爆震传感器探头的外形　　　　　（b）探头的内部结构

图 5-3 爆震传感器的压电元件组成

任务二　认知压电式传感器的结构及工作原理

一、压电式传感器的结构

压电式传感器的结构及电气符号如图 5-4 所示。其中，图 5-4（a）所示为压电式传感器的实物图，图 5-4（b）所示为压电式传感器中压电元件的内部结构。压电元件一般采用并联和串联的连接方式：采用并联方式时输出电容大、输出电荷多，适合于测量缓变信号、且以电荷作为输出信号的场合；若采用串联方式，则输出电压大、本身电容小，适合于以电压作为输出信号、且测量电路输出阻抗很高的场合，图 5-4（c）所示为压电式传感器的电气符号。

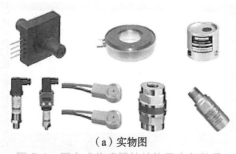

（a）实物图

图 5-4 压电式传感器的结构及电气符号

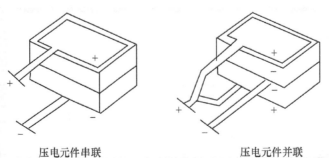

压电元件串联	压电元件并联	
（b）内部压电元件连接		（c）电气符号

图 5-4　压电式传感器的结构及电气符号（续）

构成压电式传感器中的压电材料一般有 3 类：一类是压电晶体（单晶体）；另一类是经过极化处理的压电陶瓷（多晶半导瓷）；第三类是高分子压电材料。表 5-1 对这 3 种材料的性能特性进行了比较。

表 5-1　三种压电材料的性能比较

压电材料类型	压电晶体	压电陶瓷	高分子压电材料
结构	（z、x、y 坐标系的压电晶体结构图）	极化前 极化后	PFDF 膜／硬质衬底 PVDF 膜／硬质衬底 PVDF 膜／中空／硬质衬底
工作机理	压电效应： $x\text{-}x$：纵向电压效应 $y\text{-}y$：横向压电效应	电极化	压电效应
性能特点	压电系数和介电系数的温度稳定性好，常温下几乎不变；居里点高（可达 575℃）；机械强度高，绝缘性能好；线性范围宽，自振频率高，动态响应快，迟滞小，重复性好；压电常数较小，灵敏度较低，且价格较贵	制作工艺简单，耐湿，耐高温；压电系数比石英晶体的高得多；制造成本较低；居里点较石英晶体的低，且性能没有石英晶体般稳定	压电系数比石英高十多倍；柔韧性和加工性能好；可制成 0.5m ～ 1mm 不同厚度、形状各异的大面积有挠性的膜；频响宽，化学稳定性和耐疲劳性高；吸湿性低，有良好的热稳定性；价格便宜
使用场合	标准传感器、高精度传感器或高温环境	一般测量、水声换能器、汽车、蜂鸣器、医疗	压力、加速度、温度、超声波无损检测、生物医学等领域

二、压电式传感器的工作原理

压电式传感器是由压电元件组成的自发电式传感器。压电元件受到一定方向的外力而产生变形，内部出现电荷极化的现象，在元件的上、下两表面产生极性相反、大小相等的电荷，且电荷量和所受到压力的大小成正比。外力的方向改变时，电荷的正负极性也随之发生变化。去掉外力，元件又恢复到原来不带电的状态，这种现象称为压电效应。图 5-5 给出了某种压电元件在各种受力条件下所产生的电荷情况，从图中可以看出，元件表面电荷的极性与受力的方向有关。

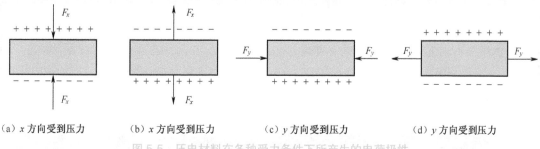

(a) x 方向受到压力　　　(b) x 方向受到压力　　　(c) y 方向受到压力　　　(d) y 方向受到压力

图 5-5　压电材料在各种受力条件下所产生的电荷极性

压电效应把机械能转换为电能。反之，若在压电元件的极化方向上施加交变电场或电压，它就会产生机械变形；去掉电场时，压电元件的变形随之消失，这种现象称为电致伸缩效应，电致伸缩效应把电能转换为机械能，如图 5-6 所示。

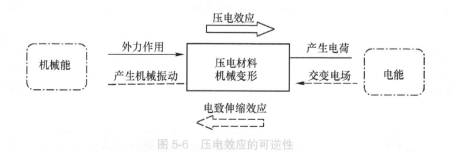

图 5-6　压电效应的可逆性

任务三　了解压电式传感器的测量电路

一、等效电路

压电式传感器可以看作是一个电荷发生器，它同时也是一个电容器，如图 5-7（a）和图 5-7（b）所示。因此，当需要压电元件输出电荷时，则可把它等效成一个与电容相并联的电荷源，如图 5-7（c）所示；当需要压电元件输出电压信号时，可把它等效成一个与电容串联的电压源，如图 5-7（d）所示。其两极板间开路电压为：

$$U_a = \frac{Q_a}{C_a} \tag{5-1}$$

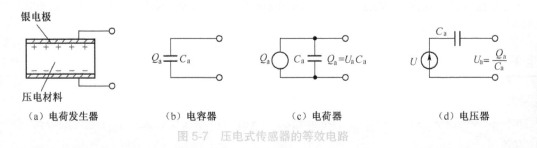

图 5-7　压电式传感器的等效电路

压电式传感器在实际测量时还需连接测量电路或仪器，因此传感器实际的等效电路还须考虑连接电缆电容 C_c、放大器的输入电阻 R_i 和输入电容 C_i 等形成的负载阻抗对电路的影响；加之考虑空气有一定的湿度，压电元件也并非理想元件，其内部存在泄漏电阻 R_a，因此，压电式传感器实际的等效电路如图 5-8 所示。图 5-8（a）所示为电荷源，图 5-8（b）所示为电压源。

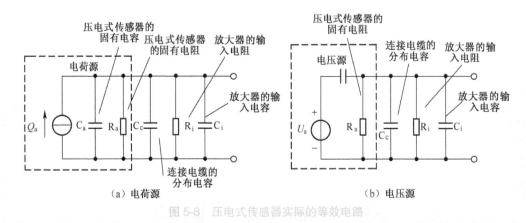

图 5-8　压电式传感器实际的等效电路

由压电式传感器实际的等效电路可以看出，只有在外电路负载无穷大，且内部无漏电时，电压源才能保持长期不变；如果负载不是无穷大，则电路就会按指数规律放电。这对于静态标定及低频准静态的测量极为不利，必然带来误差。事实上，压电式传感器的内部不可能没有泄漏，外电路负载也不可能无穷大，压电元件只有在交变力的作用下，以较高频率不断地作用，电荷才能源源不断地产生并得以不断补充，以供给测量回路一定的电流。从这个意义上讲，压电式传感器不适用于静态测量，只适用于动态测量。

二、测量电路

压电式传感器的内阻很高（$R_a \geq 1\ 010\Omega$），而输出的信号又非常微弱，因此输出信号一般不能直接传输、显示和记录。输出端要求与高输入阻抗的前置放大器相配合，然后再接放大电路、检波电路、显示电路、记录电路，这样才能防止电荷迅速泄漏，减小测量误差。

压电式传感器的前置放大器有两个作用：一是起放大的作用，放大压电式传感器输出的微弱信号；二是起阻抗转换的作用，将压电式传感器的高阻抗输出转换为低输出阻抗。

根据压电式传感器的工作原理及等效电路，它的输出可以是电荷信号，也可以是电压信号。因此，与之对应的前置放大器也有电荷放大器和电压放大器两种形式。

1. 电压放大器电路

电压放大器电路如图 5-9 所示：图 5-9（a）所示为原理图，图 5-9（b）所示为等效电路。

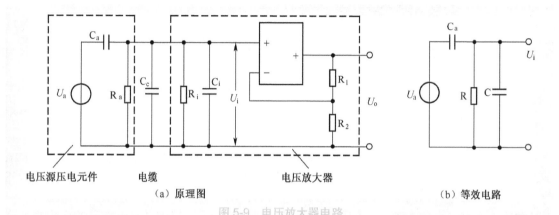

（a）原理图　　　　　　　　　　　　（b）等效电路

图 5-9　电压放大器电路

在图 5-9 中，U_i 为放大器的输入电压，C_a、C_c、C_i 分别为压电元件的固有电容、导线的分布电容以及放大器的输入电容。

2. 电荷放大器

电荷放大器实际上是一种具有深度电容负反馈的高增益前置放大器，输出电压与输入电荷量成正比。同样地，电荷放大器也起着变换阻抗的作用，它能将高内阻的电荷源转换为低内阻的电压源。

电荷放大器电路如图 5-10 所示。电荷放大器常作为压电式传感器的输入电路，只是电压放大器增加了反馈电容 C_f 和反馈电阻 R_f，其余符号的意义与电压放大器相同。由于运算放大器的输入阻抗极高，放大器的输入端几乎没有分流，因此可略去传感器的固有电阻 R_a 和放大器的电阻 R_i，电容 $C=C_c+C_i$。

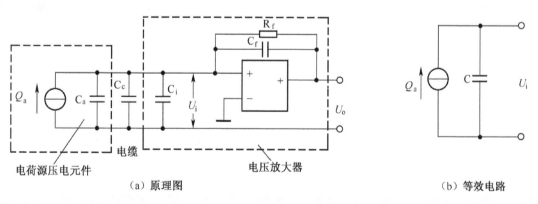

（a）原理图　　　　　　　　　　　　（b）等效电路

图 5-10　电荷放大器电路

在电荷放大器的实际电路中，可以通过改变运算放大器的负反馈电容 C_f 来调节灵敏度，C_f 越小，放大器的灵敏度越高。为了得到较高的测量精度，要求反馈电容 C_f 的温度和时间稳定性都很好。在实际的应用中，为了兼顾不同的量程，C_f 的容量范围一般选择为 $100 \sim 10^4$ pF。

为使放大器稳定工作，减小零漂，通常在反馈电容 C_f 的两端并联一个大电阻 R_f，形成直流负反馈，以稳定放大器的直流工作点。

电荷放大器的输出电压仅与传感器产生的电荷量及放大器的反馈电容有关，而与连接电缆无关，故更换连接电缆时不会影响传感器的灵敏度。

电压放大器与电荷放大器相比，电路简单、元件少、价格低、工作可靠。但是，电缆长度对传感器测量精度的影响较大，这在一定程度上限制了压电式传感器在某些场合的应用。

任务四 了解压电式传感器的应用

一、压电式切削力的测量装置

利用压电式传感器测量切削力的测量装置如图 5-11 所示。由于压电陶瓷元件的自振频率高，因此它特别适合于测量变化剧烈的载荷。图 5-11（a）中的压电陶瓷传感器位于车刀前部的下方，当车刀进行切削加工时，切削力通过刀具传给压电式传感器，压电式传感器将切削力转换为电信号，由放大器将电信号放大后送至记录仪，记录仪记录下电信号的变化便可测得切削力的变化；图 5-11（b）所示为车床的实物图；图 5-11（c）所示为压电陶瓷传感器的外形，图 5-11（d）所示为压电陶瓷传感器的内部结构。

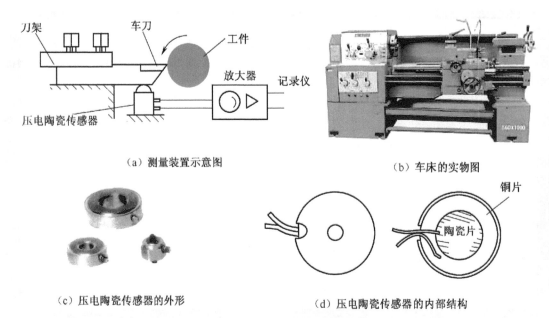

（a）测量装置示意图

（b）车床的实物图

（c）压电陶瓷传感器的外形

（d）压电陶瓷传感器的内部结构

图 5-11 压电式切削力的测量装置

二、高速公路测速系统

高速公路的测速系统由高分子压电电缆及显示仪组成，如图 5-12 所示。图 5-12（a）所示为 PVDF 压电电缆埋设的示意图，两根高分子压电电缆相距 2m，平行埋设于柏油公路的路面下 50mm 处，它可以用来测量汽车的车速及重量，并根据存储在计算机内部的档案数据判定汽车的车型。

当一辆超重车辆以较快的车速压过测速传感器系统时，两根 PVDF 压电电缆便有信号输出，如图 5-12（b）所示。由输出信号的波形可以估算车速（km/h）及汽车前后轮的间距

d，由此判断车型，核定汽车允许的载重量；根据信号幅度估算汽车的载重量，可判断其是否超重。

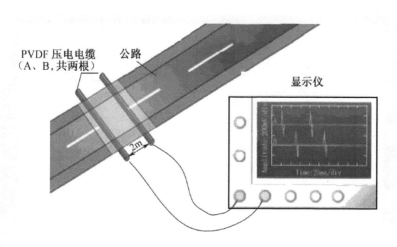

（a）PVDF 压电电缆埋设的示意图　　（b）两根压电电缆的输出信号波形

图 5-12　高速公路测速系统

聚偏二氟乙烯（PVDF）高分子材料具有压电效应，可以制成高分子压电电缆传感器。高分子压电电缆的结构如图 5-13 所示，主要由芯线、屏蔽层、管状高分子压电材料绝缘层和弹性橡胶保护层组成。当管状高分子压电材料受压时，其内外表面产生电荷 Q。

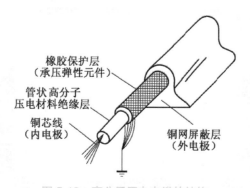

图 5-13　高分子压电电缆的结构

三、压电加速度计

压电加速度计主要利用某些物质如石英晶体的压电效应，图 5-14 所示为压缩型压电式加速度计。传感器整个组件装在一个基座上，并用金属壳体加以封罩。为了隔离被测物件直接传递到压电元件上去，基座尺寸较大。在压电元件的上面加一块质量块，用弹性元件将压电元件压紧。测量加速度时，由于被测物件与传感器固定在同一体上。在加速度计受振时，质量块加在压电元件上的力也随之变化，因此，压电元件也受加速度的作用，此时惯性质量块产生一个与加速度成正比的惯性力作用于压电元件，因而产生电荷，当被测物件的振动频率远低于传感器的谐振频率时，传感器输出电荷（或电压）与测试件的加速度成正比，经电荷放大器或电压放大器即可测出加速度。

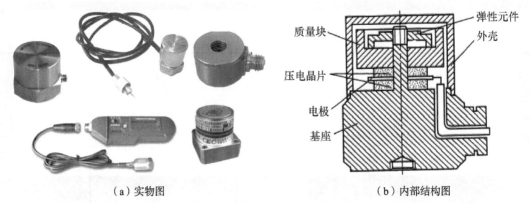

质量块
压电晶片
电极
基座

弹性元件
外壳

（a）实物图   （b）内部结构图

图 5-14   压缩型压电式加速度计

四、玻璃破碎报警器

玻璃破碎报警器如图 5-15 所示。使用时，将 BS-D2 压电式传感器用胶粘贴在玻璃上，然后通过电缆和报警电路相连。当玻璃遭暴力打碎的瞬间，报警器会产生几千赫兹至超声波（高于 20kHz）的振动波，压电薄膜感受到这种剧烈的振动波，便在其表面产生电荷 Q，通过转换使传感器的两个输出引脚之间产生窄脉冲报警信号；带通滤波器使玻璃振动频率范围内的输出电压信号通过，滤除其他频段的信号；比较器的作用是当传感器的输出信号高于设定的阈值时输出报警信号，以驱动报警执行机构工作，如进行声光报警。

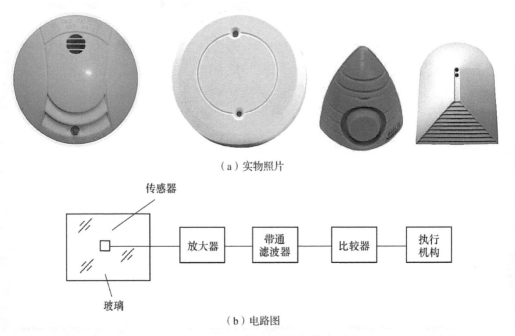

（a）实物照片

（b）电路图

图 5-15   玻璃破碎报警器

任务五　压电传感器技能训练

一、压电陶瓷片的识别和检测

1. 压电陶瓷片的识别

（1）材料及仪器

压电陶瓷片若干片，数字万用表 1 台。

（2）步骤

常用的压电陶瓷片如图 5-16 所示。它是在铜质金属圆板上覆盖上一层压电陶瓷，在陶瓷片上再涂层银制成的。

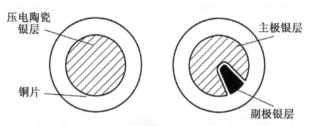

图 5-16　压电陶瓷片的识别

2. 压电陶瓷片的检测

从压电陶瓷片的两极引出两根引线，然后把它放平在桌子上。将两根引线与万用表的两根表笔分别连接好（万用表置于最小电流挡），然后再用铅笔的橡皮头轻轻压在陶瓷片上，此时万用表的指针若有明显的摆动，说明压电陶瓷片是好的，如图 5-17 所示。

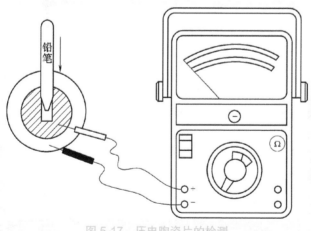

图 5-17　压电陶瓷片的检测

二、压电加速度计安装的认知

测量振动时，要妥善安装压电加速度计，常用的安装方法如图 5-18 所示。

（1）采用钢螺栓固定安装如图 5-18（a）所示，这是共振频率能达到出厂共振频率的最好方法，能得到最佳频率。螺栓不得全部拧入基座螺孔，以免引起基座变形，影响加速度计的输出。在安装面上再涂一层硅脂可增加不平整安装表面的连接可靠性。

（2）需要绝缘时，用绝缘螺栓加云母垫圈来固定加速度计，如图5-18（b）所示，但垫圈应尽量薄。使用薄蜡层安装，用一层薄蜡把加速度计粘在试件平整表面上，如图5-18（c）所示，也可用于低温（40℃以下）的场合，频响很好，但高温时会下降。

（3）用专用永久磁铁安装，如图5-18（d）所示，使用方便，多在低频测量中使用。此法也可使加速度计与振动试件电绝缘，最大加速度为50～200g，适用于温度不超过150℃振动物体的测量。

（4）用硬性粘接螺栓或粘接剂的固定方法安装，如图5-18（e）和5-18（f）所示，便于经常移动。

（5）用手持探管或探针测振方法安装，如图5-18（h）所示，用于频率不大于1 000Hz等特殊情况。探针在多点测试时使用特别方便，但测量误差较大，重复性差，使用上限频率一般不高于1 000Hz。

某种典型的加速度计采用上述各种固定方法的共振频率分别约为：钢螺栓固定法31kHz，云母垫片28kHz，涂薄蜡层29kHz，手持法2kHz，永久磁铁固定法7kHz。

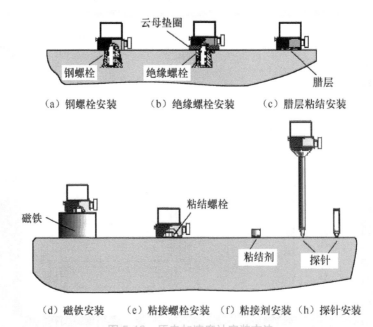

图 5-18　压电加速度计安装方法

项目评价

一、思考题

1. 填空题

（1）由于力的作用而使物体表面产生电荷，这种效应称为_____，制成的传感器称为

_____传感器，一般采用_____作为传感器的材料。

（2）压电元件是一种_____敏感元件，可以测量那些最终能转换为_____的物理量。

（3）压电式传感器不能测量_____的被测的量，更不能测量_____，现在多用于测量_____。

（4）压电式传感器是一个电压很大的信号源，它可以等效为一个_____和一个_____的并联电路，也可以等效为一个_____和一个_____的串联电路，在测量中与它配接的电路是_____。

（5）压电式传感器是基于某些_____材料的_____效应。

（6）压电式传感器采用前置放大电路的目的是_____。

（7）压电式传感器的前置放大电路往往采用_____前置放大器，其突出的特点是输出与_____无关，只与放大器的反馈电容有关，所以目前使用广泛。

（8）当压电式加速度计固定在试件上而承受振动时，质量块产生一可变力，作用在压电晶片上，由于_____效应，在压电晶片两表面上就有_____产生。

2. 选择题

（1）压电元件是一种（　　）敏感元件，可以测量那些最终能转换为（　　）的物理量。

A. 力　　　　　　　　B. 位移　　　　　　　C. 温度

（2）压电晶体表面所产生的电荷密度与（　　）。

A. 晶体厚度成反比　　B. 晶体面积成反比　　C. 作用在晶体上的压力成正比

（3）压电片受力的方向与产生电荷的极性（　　）。

A. 无关　　　　　　　B. 有关

（4）前置放大电路具有（　　）的功能。

A. 放大　　　　　　　B. 转换阻抗　　　　　C. 放大与转换

（5）压电式加速度传感器是（　　）信号的传感器。

A. 适合测量任意　　　　　　　　　　　B. 适合测量直流

C. 适合测量缓变　　　　　　　　　　　D. 适合测量交流

3. 问答题

（1）何为压电效应？压电式传感器对测量电路有何特殊要求？为什么？

（2）压电式传感器为什么不能用于静态测量？

（3）压电式传感器输出信号的特点是什么？它对放大器有什么要求？放大器有哪两种类型？压电式传感器测量电路的作用是什么？其核心是解决什么问题？

（4）压电式传感器往往采用多片压电晶体串联或并联方式，若采用并联方式，适合于测量何种信号？

二、技能训练

压电式加速度传感器与压电式力传感器在结构上有什么不同？试分析图5-19中的压电式压力传感器工作原理。

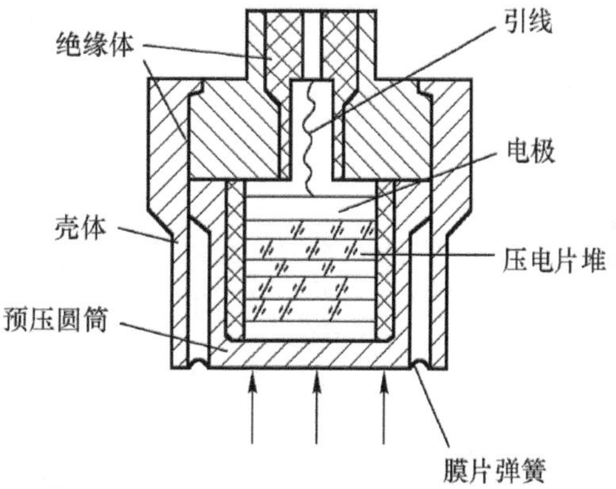

图 5-19　压电式压力传感器

三、项目评价评分表

1. 个人知识和技能评价表

班级：_____　　姓名：_____　　成绩：_____

评价方面	评价内容及要求	分值	自我评价	小组评价	教师评价	得分
实操技能	①能识别和检测压电陶瓷片	20				
	②了解压电式加速计的安装方式	20				
理论知识	①了解压电式传感器的应用场合	10				
	②了解压电传感器的工作原理	10				
	③了解各种压电材料的性能	5				
	④理解压电式传感器应用中的工作过程	15				
	⑤了解等效电路和测量电路的工作原理	10				
安全文明生产和职业素质培养	①态度认真，按时出勤，不迟到早退，按时按要求完成实训任务	2				
	②具有安全文明生产意识，安全用电，操作规范	2				
	③爱护工具设备，工具摆放整齐	2				
	④操作工位卫生良好，保护环境	2				
	⑤节约能源，节省原材料	2				

2. 小组学习活动评价表

班级：_____　　小组编号：_____　　成绩：_____

评价项目	评价内容及评价分值			小组内自评	小组互评	教师评分	得分
分工合作	优秀（16~20分）小组人员分工明确，任务分配合理，有小组分工职责明细表，能很好地团队协作	良好（12~16分）小组人员分工较明确，任务分配较合理，有小组分工职责明细表，合作较好	继续努力（12分以下）小组人员分工不明确，任务分配不合理，无小组分工职责明细表，人员各自为阵				
获取与项目有关的信息	优秀（16~20分）能使用适当的搜索引擎从网络等多种渠道获取信息，并合理地选择、使用信息	良好（12~16分）能从网络获取信息，并较合理地选择、使用信息	继续努力（12分以下）能从网络或其他渠道获取信息，但信息选择不正确，使用不恰当				
实操技能	优秀（24~30分）能按技能目标要求规范完成每项实操任务	良好（18~24分）能按技能目标要求规范较好地完成每项实操任务	继续努力（18分以下）只能按技能目标要求完成部分实操任务				

续表

评价项目	评价内容及评价分值			小组内自评	小组互评	教师评分	得分
基本知识分析讨论	优秀（24~30分）	良好（18~24分）	继续努力（18分以下）				
	讨论热烈、各抒己见，概念准确、原理思路清晰、理解透彻，逻辑性强，并有自己的见解	讨论没有间断、各抒己见，分析有理有据，思路基本清晰	讨论能够展开，分析有间断，思路不清晰，理解不透彻				
总分							

>>>> 项目小结 <<<<

① 当某些晶体在一定的方向上受到外力的作用时，在两个对应的晶面上会产生极性符号相反的电荷，当外力撤销时，电荷也消失。作用力的方向改变时，两个对应晶面上的电荷符号将发生改变，该现象称为压电效应。常见的压电材料有压电晶体、压电陶瓷和高分子压电材料等。

为解决微弱信号的转换与放大的问题以得到足够强的输出信号，压电式传感器的测量电路需要有前置放大器，一是将压电式传感器的高阻抗输出转换为低阻抗输出，二是放大压电式传感器的输出信号。

前置放大器有电荷放大器和电压放大器两种形式。其中，电荷放大器优于电压放大器，电荷放大器的输出电压仅与传感器产生的电荷量及放大器的反馈电容有关，而与连接电缆无关，更换连接电缆时不会影响传感器的灵敏度。

压电元件组合的基本方式有串联和并联。采用串联方式，适合于以电压作为输出信号的场合；若采用并联方式，适合于以电荷作为输出信号的场合。

② 可通过万用表指针的摆动随所加在陶瓷片上力的大小识别和检测压电陶瓷片的好坏。测量振动时，要妥善安装压电加速度计，常用的安装方法有钢螺栓固定安装方式、绝缘螺栓加云母垫圈安装、探管或探针测振方法安装、专用永久磁铁安装以及粘接螺栓安装或粘接剂安装等。

超声波传感器的认知

项目情境

倒车雷达是汽车泊车或者倒车时的安全辅助装置，它能以声音或者更为直观的视频显示告知驾驶员周围障碍物的情况，解除了驾驶员泊车、倒车和启动车辆时探视四周所引起的困扰，并帮助驾驶员克服了视野死角和视线模糊的缺陷，提高了驾驶的安全性。图 6-1 所示为汽车倒车雷达的示意图，有 4 个传感器安装在汽车尾部。

图 6-1 汽车倒车雷达示意图

倒车雷达通常由超声波探头、微电脑主机和显示器（或蜂鸣器）等部分构成，如图6-2所示。在汽车处于倒挡状态时，倒车雷达开始工作，由超声波发射探头发射超声波信号，一旦车后方出现障碍物，超声波被障碍物反射，超声波接收探头会接收到反射波信号，通过微电脑主机对反射波信号进行处理来判断障碍物的所处位置以及与车身的距离，由显示器显示图像，蜂鸣器报警。

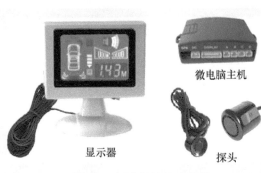

微电脑主机

显示器

探头

图 6-2 倒车雷达的实物图

目学习目标

学 习 目 标	学 习 方 式	学 时
技能目标 ① 掌握超声波探头检测方法； ② 学会超声波传感器的幅频特性测试方法，确定该超声波传感器的中心频率； ③ 了解超声波流量计安装时应注意的问题	学生实际操作和领悟；教师指导演示	2
知识目标 ① 掌握超声波传感器的应用场合和应用方法，理解它们的工作过程； ② 掌握超声波传感器的工作原理； ③ 掌握超声波传感器的等效电路； ④ 了解超声波传感器测量电路的工作原理	教师讲授、自主探究	2
情感目标 ① 培养观察与思考相结合的能力； ② 培养学会使用信息资源和信息技术手段去获取知识的能力； ③ 培养学生分析问题、解决问题的能力； ④ 培养高度的责任心、精益求精的工作热情，一丝不苟的工作作风； ⑤ 激励学生对自我价值的认同感，培养遇到困难决不放弃的韧性； ⑥ 激发学生对超声波传感器学习的兴趣，培养信息素养； ⑦ 树立团队意识和协作精神	学生网络查询、小组讨论、相互协作	

目任务分析

本项目主要认知超声波传感器，超声波传感器是一种利用超声波特性研制而成的传感器，目前已在工业、国防、生物医学等领域得到了广泛应用，可进行物位（液位）监测，机器人防撞，金属的无损探伤和超声波测厚，以及防盗报警等。通过本项目的技能训练及理论学习，掌握超声波传感器的应用场合和使用方法，理解它们的工作过程；了解超声波传感器的检测方法，了解超声波流量计的安装，了解超声波传感器的幅频特性测试方法，掌握超声波传感器的工作原理，了解超声波传感器测量电路的功能。

任务一 了解超声波传感器的组成

超声波传感器是指产生超声波和接收超声波的装置，习惯上称为超声波换能器或超声波探头。超声波传感器利用超声波晶体的超声波效应和电致伸缩效应，将机械能与电能相互转换，并利用波的传输特性，实现对各种参量的测量，属典型的双向传感器。因此，超声波传感器由发射传感器（简称发射探头）和接收传感器（简称接收探头）两部分组成，如图 6-3 所示。

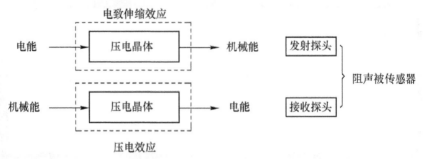

图 6-3　超声波传感器的组成

下面通过倒车雷达中的超声波传感器来了解该传感器的组成，如图 6-4 所示。

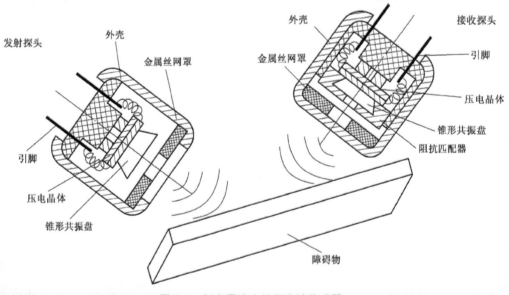

图 6-4　倒车雷达中的超声波传感器

任务二　认知超声波传感器的结构及工作原理

一、超声波传感器的结构

超声波传感器的品种很多，外形结构如图 6-5 所示。

图 6-5　超声波传感器的外形结构

超声波探头有许多不同的结构，如直探头、斜探头、双探头、表面波探头、聚焦探头、冲水探头、水浸探头、空气传导探头以及其他专用探头等，表6-1仅对3种常用的超声波探头进行性能比较。

表6-1 3种常用的超声波探头性能比较

探头类型	单晶直探头	双晶直探头	斜探头
结构	外壳 接插件口 阻尼吸收块 引线 压电晶体 保护膜 被测件 耦合剂	外壳 接插件口 阻尼吸收块 引线 压电晶体 隔离层 延迟块 保护膜 被测件 耦合剂	压电晶体 引线 外壳 有机玻璃斜楔块 接插件口 阻尼吸收块 被测件
工作机理	发射：电致伸缩效应 接收：超声波效应	发射：电致伸缩效应 接收：超声波效应	发射：电致伸缩效应 接收：超声波效应
工作特点	发射、接收分时工作，测量精度低，控制电路复杂	发射、接收同时工作，测量精度高，控制电路简单	发射、接收同时工作，测量精度高，控制电路简单

二、超声波传感器的工作原理

超声波传感器是利用某种待测的非声量（如密度、流量、液位、厚度、缺陷等）与某些描述介质声学特性的超声量（如声速、衰减、声阻抗等）之间存在着的直接或间接关系，通过检测超声量来确定那些待测的非声量的。

1. 超声波

声波是一种机械波，当发声体产生机械振动时，周围弹性介质中的质点随之振动，这种振动由近至远进行传播，就是声波。人能听见声波的频率为20Hz ~ 20kHz，超出此频率范围的声音，即20Hz以下的声波称为次声波，20 kHz以上的为超声波，超声波的频率可以高达10^{11}Hz，而次声波的频率可以低达10^{-8}Hz。声波频率范围如图6-6所示。

图6-6 声波频率范围

2. 超声波的基本特性

（1）超声波的波形

声源在介质中施力的方向与波在介质中传播的方向不同，声波的波形则不同。依据超声场中质点的振动与声能量传播方向的不同，超声波的波形一般分为 3 种。

纵波：质点的振动方向与波的传播方向一致的波，它能在固体、液体和气体介质中传播。

横波：质点的振动方向与波的传播方向垂直的波，它只能在固体介质中传播。

表面波：质点的振动介于纵波和横波之间，表面波沿着介质表面传播，其振幅随深度的增加而迅速衰减，表面波只在固体的表面传播。

（2）波速

超声波在不同的介质中（气体、液体、固体）的传播速度是不同的，传播速度与介质密度和弹性系数以及声阻抗有关。不同波形超声波的传播速度也不相同：在固体中，纵波、横波及其表面波三者的声速有一定的关系，通常可认为横波的声速为纵波的一半，表面波的声速为横波声速的 90%；气体中的纵波声速为 344m/s，液体中的纵波声速为 900 ~ 1 900m/s。

（3）超声波的反射和折射

当超声波从一种介质传播到另一种介质时，在两介质的分界面上将发生反射和折射，如图 6-7 所示。其中，能返回原介质的称为反射波；透过介质表面，能在另一种介质内继续传播的称为折射波。在某种情况下，超声波还能产生表面波。各种波型都符合反射和折射定律。

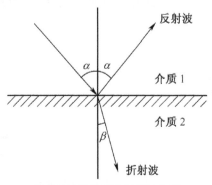

图 6-7　超声波的反射和折射

（4）超声波的衰减

超声波在介质中传播时，随着距离的增加，能量逐渐衰减，衰减的程度与超声波的扩散、散射及吸收等因素有关。

3. 超声波传感器的工作原理

当为超声波发射探头输入频率 40kHz 的脉冲电信号时，超声波晶片变形而产生振动，振动频率在 20kHz 以上，由此形成了超声波，该超声波经锥形共振盘共振放大后定向发射出去；接收探头接收到发射的超声波信号后，促使超声波晶片变形而产生电信号，通过放大器放大电信号。

任务三　了解超声波传感器的测量电路

一、超声波传感器的等效电路

超声波传感器的等效电路如图 6-8 所示。其中，图 6-8（a）所示为超声波传感器的电气符号，图 6-8（b）所示为超声波传感器的等效电路，R_a 为介电损耗内电阻，C_a 为超声波元件两表面间的极间电容，C_g、L_g、R_g 分别为机械共振回路的等效电容、电感和电阻。

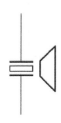

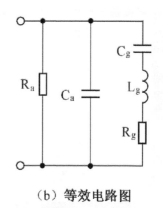

（a）电气符号图　　　　　　　　（b）等效电路图

图 6-8　超声波传感器的等效电路

二、超声波传感器的发射电路与接收电路

超声波是一种机械波，为了能被电子电路所处理，需要有发射电路和接收电路，某一超声波测距系统的发射电路如图 6-9 所示，主要由脉冲调制信号产生电路、隔离电路及驱动电路组成，用来为超声波传感器提供发送信号。由 555 定时器及外围元件产生脉冲频率为40kHz、周期为 30ms 的脉冲调制信号。隔离电路主要是由两个与非门组成，对输出级与脉冲调制信号产生电路进行隔离。驱动电路由运算放大电路组成，由于超声波传感器的发射距离与其两端所加的电压成正比，因此要求驱动电路要产生足够大的驱动电压，从而保证超声波能够发送较长的距离，提高了测量量程。

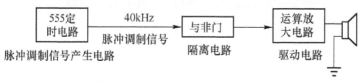

图 6-9　超声波传感器的发射电路

接收电路由前置放大电路、带通滤波电路、仪用放大电路及信号变换电路组成。由于超声波信号在空气中传播时会受到很大程度的衰减，因此反射回的超声波信号非常微弱，不能直接送到后级电路进行处理。首先利用前置放大电路具有很高的输入阻抗和极低的输出阻抗，索取信号能力和带负载能力都很强的特点，对微弱信号进行放大；带通滤波器采用二阶RC 有源滤波器，用于消除超声波在传播过程中受到干扰信号的影响，带通滤波器的中心频率 $\omega 0=40kHz$，电路参数可通过外围元件的参数确定；经过带通滤波后的信号经仪用仪表放大器 AD620 进行进一步放大，然后送到信号变换电路。

信号变换电路的主要作用是将接收到的模拟超声波信号变换成单片机所能接收的数字信号，它由包络检波电路、电压比较器和 RS 触发器组成。

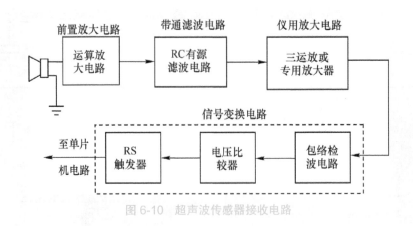

图 6-10　超声波传感器接收电路

任务四　了解超声波传感器的应用

根据超声波的传播方向，超声波传感器的应用有两种基本类型：当超声波发射器与接收器分别置于被测物体的两侧时，这种类型称为透射型，透射型可用于遥控器、防盗报警器、接近开关等；当超声波发射器与接收器置于被测物体的同侧时，这种类型属于反射型，反射型可用于接近开关、测距、测液位或料位、金属探伤以及测厚等。超声波传感器应用的基本类型如图 6-11 所示。

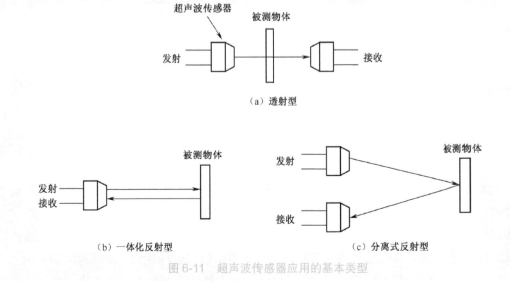

图 6-11　超声波传感器应用的基本类型

一、超声波测厚仪

超声波测厚仪是根据超声波的脉冲反射原理来测量厚度的。根据超声波在工件中的传播速度与通过工件时间一半的乘积便可知工件的厚度，如果超声波在工件中的声速 c 已知，设工件厚度为 δ，那么通过测量脉冲波从发射到接收的时间间隔 t 可以求出工件厚度：

$$\delta = \frac{1}{2}ct \tag{6-1}$$

按此原理设计的测厚仪可对各种板材和各种加工零件进行精确地测量，也可监测生产设备中各种管道和压力容器的壁厚，监测它们在使用过程中受腐蚀后的变薄程度，现广泛应用于石油、化工、冶金、造船、机械、电力、原子能、航空、航天等各个领域。

超声波测厚仪如图 6-12 所示，图 6-12（a）所示为超声波测厚仪实物图，超声波测厚仪主要有主机和探头两部分组成，探头具有发射和接收两种功能；图 6-12（b）所示为测量某材料厚度的示意图。

超声波测厚仪主机电路图如图 6-12（c）所示，主机电路包括发射电路、接收电路、同步电路、计数显示电路 4 部分。将超声波传感器放在被测材料的上面，由发射电路产生一定频率的脉冲信号，通过功率放大器来激励超声波发射探头，发射探头发射的超声波传导至被测材料的另一界面，经界面反射后被超声波接收探头所接收，接收探头将超声波信号转换为电信号并输入到脉冲放大器中进行放大，放大后的信号触发多谐振荡器，振荡器输出的信号通过计数电路计数，计数处理后，经液晶显示器显示厚度数值。由于超声波传感器为单晶探头，探头必须分时工作，由同步电路控制其发射和接收；同步电路还同时通过控制脉冲发生器和计时电路以保证发射与接收的频率相同。

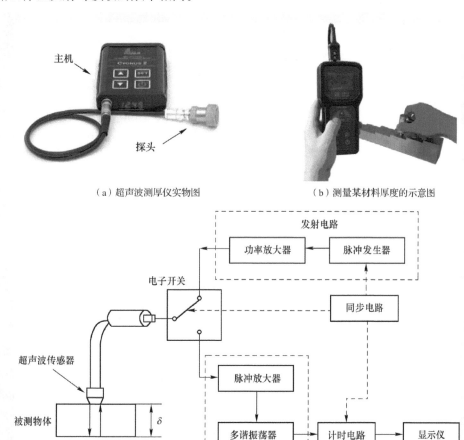

（a）超声波测厚仪实物图　　　　（b）测量某材料厚度的示意图

（c）超声波测厚仪主机电路图

图 6-12　超声波测厚仪

二、超声波探伤仪

超声波探伤是无损探伤技术中的一种主要检测手段，主要用于检测各类材料（金属、非金属等）、各种工件（焊接件、锻件、铸件等）、各种工程（道路建设、水坝建设、桥梁建设、机场建设等）中所用材料的缺陷（如裂缝、夹渣、气孔等），判断工件内是否存在缺陷，以及缺陷的大小、性质及位置。图6-13（a）所示为几种超声波探伤仪的实物图，超声波探伤仪分为一体式和分体式两种；图6-13（b）所示为探伤仪使用现场图片；图6-13（c）所示为超声波探伤的工作原理图。

一体式　　　　　　　　　　　　　　分体式

（a）探伤仪实物图

（b）探伤仪使用现场图片

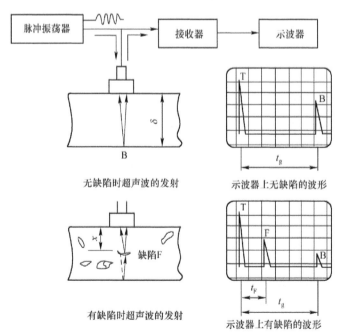

（c）超声波探伤工作原理图

图6-13　超声波探伤仪

将超声波探头放在工件上，并在工件上来回移动检测。探头发出的超声波以一定的速度在工件内部传播，如果工件没有缺陷，超声波则传到工件底部才产生反射，示波器显示始脉冲 T（t_T 处）和底脉冲 R（t_R 处）。若工件内部存在一个缺陷，那么一部分超声波在缺陷 F 处出现反射，反射脉冲又被接收探头接收，在显示屏幕上横坐标的一定位置（t_F 处）上显示一个反射波波形，反射波横坐标的位置表明缺陷在工件中的深度，反射波纵坐标的高度反映出缺陷的宽度。由此看出，工件中若存有缺陷，示波器可观察到始脉冲 T、底脉冲 R 以及缺陷脉冲 F 三个波形。根据始脉冲 T 和底脉冲 R 质检的横坐标差值可以判断工件材料的厚度，由始脉冲 T 到缺陷脉冲 F 的时间间隔可以判断缺陷在工件内的位置，通过缺陷脉冲幅值的高低可判断缺陷面积的大小，缺陷面积越大，脉冲幅度越高；通过移动探头还可确定缺陷的大致长度。

三、超声波流量计

超声波流量计是一种利用超声波脉冲来测量流体流量的仪表，一般安装在管道外面，属非接触测量仪表。由于在流体中不插入任何元件，不影响流速，也没有压力损失，因此，超声波流量计能测量任何液体，特别是具有高黏度、强腐蚀、非导电性等的介质。如果在现场配以温度仪表和压力仪表，经过密度补偿，还可以求得质量流量。

超声波流量计根据测量原理的不同，种类较多，目前最常采用的主要有多普勒式超声波流量计和时差式超声波流量计。多普勒式超声波流量计依靠水中杂质的反射来测量水的流速，适用于杂质含量较多的脏水和浆体，如城市污水、污泥、工厂排放液、杂质含量稳定的工厂过程液等，而且可以测量连续混入气泡的液体；时差式超声波流量计主要用来测量洁净的流体流量，在居民用水和工业用水领域得到广泛应用。此外，它也可以测量杂质含量不高（杂质含量小于 10g/L，粒径小于 1mm）的均匀流体，如污水等介质的流量，而且精度可达 ±1.5%。

时差式超声波流量计由超声波换能器、电子线路及流量显示和累积系统 3 部分组成。图 6-14（a）所示为探头分离式，可在恶劣环境中使用，图 6-14（b）和图 6-14（c）所示类型适合一般的环境。

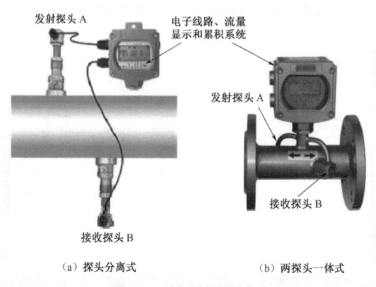

（a）探头分离式　　　　　　　（b）两探头一体式

图 6-14　时差式超声波流量计

（c）四探头一体式

图 6-14　时差式超声波流量计（续）

声波在流体中传播，顺流方向声波传播的速度会增大，逆流方向则减小，这样一来，同一传播距离就有不同的传播时间，时差式超声波流量计就是利用声波在流体中顺流传播和逆流传播的时间差与流体流速成正比这一原理来测量流体流量的。

图 6-15 所示为时差式超声波流量计测量原理示意图，在管道外壁有两个双方向对发的超声波发射/接收探头。发射探头分别在顺流、逆流方向发出超声波信号，检测双向传输超声波的时间差来获取液体流速，然后输入管径则可以得到流量。

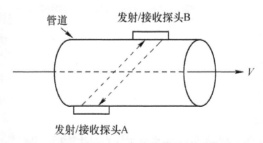

图 6-15　时差式超声波流量计的测量原理

在安装方式上，多普勒式超声波流量计采用对贴安装方式，时差式超声波流量计采用 V 形方式和 Z 形方式，如图 6-16 所示。通常情况下，管径小于 300mm 时采用 V 形方式安装，管径大于 200mm 时采用 Z 形方式安装。对于既可以用 V 形方式安装，又可以 Z 形方式安装的传感器应尽量选用按 Z 形方式安装。实践表明，按 Z 形方式安装的传感器超声波信号的强度高、测量的稳定性好，但如安装不合理，超声波流量计则不能正常工作。

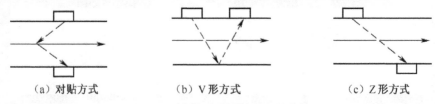

（a）对贴方式　　　　　　（b）V 形方式　　　　　　（c）Z 形方式

图 6-16　超声波流量计的安装方式

四、超声波液位计

超声波液位计是由计算机监控系统控制的数字物位仪表，如图 6-17 所示。图 6-17（a）所示为超声波液位计实物图。在测量中，由传感器脉冲超声波发出，超声波经物体表面反射后被同一传感器或不同传感器接收，通过压电效应转换成电信号，并由声波的发射和接收之间间隔的时间来计算传感器到被测物体的距离。采用超声波传感器测量液位具有精度高和使用寿命长的特点，但若液体中有气泡或液面发生波动，便会产生较大的误差。

超声波液位测量系统由超声波液位计、液位显示仪和计算机监控系统组成，如图 6-17（b）所示。

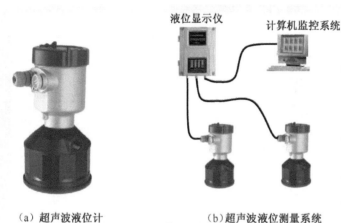

（a）超声波液位计　　　　（b）超声波液位测量系统

图 6-17　超声波液位计

图 6-18 给出了几种超声波传感器液位计的安装方式示意图。其中一种是将超声波发射探头和接收探头安装在液罐的底部，超声波在液体中的衰减比较小，即使发生的超声波脉冲幅度较小也可以传播，如图 6-18（a）所示；另一种是将超声波发射探头和接收探头安装在液罐的上方，这种安装方式便于安装和维修，但超声波在空气中传播的衰减程度比较大，如图 6-18（b）所示。

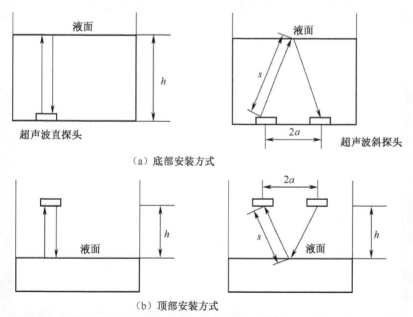

（a）底部安装方式

（b）顶部安装方式

图 6-18　超声波液位计的安装方式

任务五　超声波传感器技能训练

一、超声波探头的质量检测

检测超声波探头的电路如图 6-19 所示。

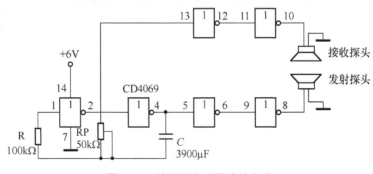

图 6-19　检测超声波探头的电路

1．材料及仪器
（1）直流稳压电源 1 台。
（2）超声波探头 2 个。
（3）电路板及元件 1 套。

2．步骤
（1）安装电路图装配音频振荡电路。

（2）对照电路检查装配好的电路板，直至准确无误后再连接到直流稳压电源，打开电源。如果此时传感器能发出音频声音，基本就可以确定探头是好的；若没有听到声音，则说明两个探头中的一个或都出现了故障。

二、超声波传感器的性能测试

1．材料及仪器
（1）超声波传感器 1 套。
（2）信号发生器 1 台。
（3）示波器 1 台。
（4）直尺 1 把。

2．测试步骤
（1）测试装置连接

① 调节信号发生器输出方波信号，其峰峰值可在 2 ~ 10V 范围调整，频率可在30 ~ 49kHz 范围内连续可调整，要求通过示波器确认信号幅度及频率输出情况。

② 将方波信号输出线接到超声波传感器发射探头的两个输入引脚，将示波器的接地端子和信号端子分别连接超声波传感器接收探头的两个输出引脚，测试装置连接图如图 6-20所示。

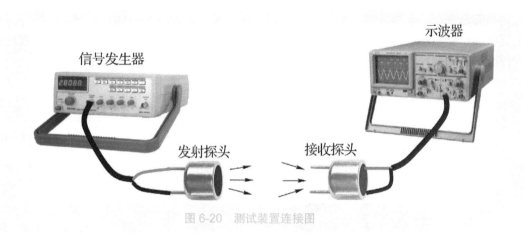

图 6-20 测试装置连接图

③ 固定发射探头与接收探头的间距为 10cm，并将发射探头对准接收探头，准备测试接收探头接收到的同频信号电压。

（2）测试超声波传感器的幅频特性

① 调节信号发生器输出方波的峰峰值为 10V，本测试要保证在输出幅度恒定的情况下进行。

② 调节方波信号的频率，使其在 30 ~ 49kHz 范围内变化，用示波器观察超声波接收探头的输出信号波形，记下 V_{P-P} 的值。请按照表 6-2 设置的频率数据要求进行测试。

注意：要求测试每对数据时，一定要首先用示波器准确调试信号发生器输出的方波信号后，再驱动发射探头，测试接收探头产生的同频信号电压 V_{P-P}。

③ 分析记录数据，绘制输出 V_{P-P} ~ f 关系曲线，得出超声波传感器幅频特性结论，并确定其中心频率。

表 6-2 设置的频率数据及对应频率

频率 kHz	30	33	36	38	40	42	45	49
V_{P-P}（V）								

三、超声波流量计安装注意事项的认知

（1）了解测试现场情况

测量前应了解的现场情况包括：管道材质、管壁厚度及管径；管道年限；流体类型、是否含有杂质、气泡以及是否满管；安装现场是否有干扰源（如变频、强磁场等）；安装传感器处距离主机的距离；主机安放处四季的温度；使用的电源电压是否稳定；是否需要远传信号，如需要，还要确定其种类。

（2）正确选择超声波流量计安装位置

选择超声波流量计管段定装位置对测试精度影响很大，所选管段应避开干扰和涡流这两种对测量精度影响较大的情况，如图 6-21 所示。

① 选择管材应均匀致密，易于超声波传输。

② 安装距离应选择上游大于 10 倍直管径、下游大于 5 倍直管径（注：不同仪器要求的

距离会有所不同，具体距离以使用的仪器说明书为准）以内无任何阀门、弯头、变径等均匀的直管段，安装点上游有水泵或阀门，则应有 30 倍直管径，这样在安装流量计的位置便能够获得稳定的流态分布，有利于提高测量精度和测量的稳定性。

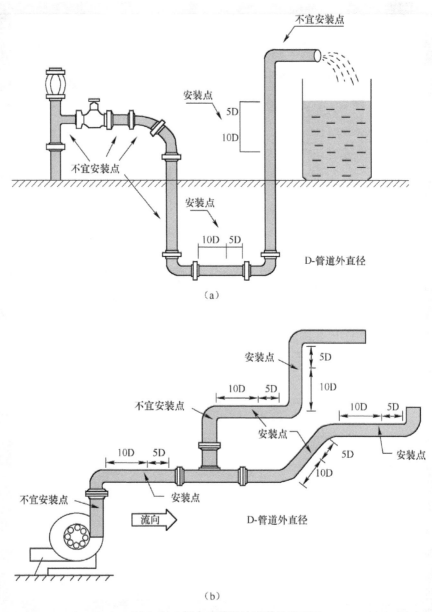

图 6-21　超声波流量计安装位置图示

③ 安装流量计的位置应能保证流体始终充满管道，否则会造成超声波信号的阻断，无法正常测量；不能直接安装在能够产生压降的设备下游，如扩径、阀门、水泵、插入装置，由于管道内的液体在压力降低时会不同程度地释放出气体，产生气泡，液体中的气体含量增加会降低信号的强度，同时也增加了噪声。

④ 避免将流量计安装在管道底部和顶部，管道底部会经常有沉积物，顶部会聚集一些气

体，这样都会影响超声波信号的传输。

⑤ 流量计安装在垂直管道时，首选的方向是自下而上，只有在现场条件不具备时，才考虑自上而下，但是这时必须保证管道内的背压，不能出现"空洞"现象，确保管道内液体处于满管状态。

⑥ 测量点应充分远离高压电、变频器等干扰源，由于流量计通常都利用电磁仪表显示测试结果，强电磁场会对它的性能产生一定的影响。因此在使用过程中应该尽量使流量计避开有变频设备、变压设备等场所，以免影响测试工作。

⑦ 远离管道焊缝，不要将流量计装在焊缝上。

⑧ 确保两个传感器安装在管道周面的水平方向上，并且在轴线水平位置 ±45° 范围内安装，以防止上部有不满管、气泡或下部有沉淀等现象影响传感器正常测量。如果安装地点空间受限不能水平对称安装时，可在保证管内上部分无气泡条件下，垂直或有倾角地安装传感器。

⑨ 安装点的温度、压力应在传感器可工作的范围内。

（3）安装时必须把欲安装流量计的管道区域清洗干净，使之露出原有光泽。

（4）充分考虑管内壁结垢状况，尽量选择无结垢的管道安装，如不能满足时，可把结垢考虑为衬里以得到较好的精度。

（5）传感器接好之后必须用密封胶（耦合剂）注好，以防进水。

（6）输入管道参数必须正确、与实际相符，否则流量计不可能正常工作。

（7）超声波信号电缆的屏蔽线可悬空不接，不要与电源正负极短路。

（8）传感器注满密封胶盖好之后，必须将传感器屏蔽线揽进线孔拧好锁紧，以防进水。

（9）捆绑传感器时，应将夹具（不锈钢带）固定在传感器的中心部分，使之受力均匀，不易松动。

（10）传感器与管道的接触部分四周要涂满足够多的耦合剂，以防空气、沙尘或锈迹进入而影响超声波信号的传输。

目评价

一、思考题

1. 填空题

（1）超声波的振动频率高于_____时，人耳是_____。

（2）超声波在均匀介质中按_____方向传播，但到达界面或者遇到另一种介质时，也像光波一样产生反射和折射。超声波的发射，依据超声波晶体的_____效应；超声波的接收，依据超声波晶体的_____效应。

（3）超声波探头是实现_____能和_____能相互转换的一种换能元器件。按其不同的结构可分为_____探头、_____探头、_____双探头和_____探头等。

（4）超声波有_____、_____和_____以及_____的特性。

（5）超声波发射探头所反映的是_____效应，是一种_____能转换为_____能的能量装置；超声波接收探头所反映的是_____效应，是一种将_____能转换为_____能的能量装置。

（6）超声波传感器对物位的测量是根据超声波在两个分界面上的_____特性而进行的。

2. 选择题

（1）单晶直探头发射超声波时是利用超声波晶体的_____，而接收超声波时是利用超声波晶体的_____，发射在_____，接收在_____。

A. 压电效应　　　　B. 电致伸缩效应　　C. 电涡流效应

D. 先　　　　　　　E. 后　　　　　　　F. 同时

（2）在超声波探伤仪探伤中，F 波幅度较高，与 T 波的距离较接近，说明（　　）。

A. 缺陷的横截面积较大，且较接近探测表面

B. 缺陷的横截面积较大，且较接近底面

C. 缺陷的横截面积较小，但较接近探测表面

D. 缺陷的横截面积较小，但较接近底面

（3）超声波传感器属于（　　）测量。

A. 接触　　　　　　B. 非接触

（4）以下的_____属于超声波测流量的方法。

A. 时差法　　　　　B. 频率差法　　　　C. 相位差法

（5）超声波单晶直探头传感器的测厚是利用超声波的（　　）特性。

A. 投射　　　　　　B. 折射　　　　　　C. 反射　　　　　　D. 衰减

3. 问答题

（1）简述超声波传感器的发射和接收原理。

（2）超声波液位计可分为哪几种安装方式？各有什么特点？

（3）超声波有哪些特性？利用超声波传感器可以测量哪些物理量？

二、技能训练

1. 图 6-22 所示为汽车倒车防碰装置的示意图。请根据学过的知识分析该装置的工作原理，说明该装置还可以有哪些其他用途？

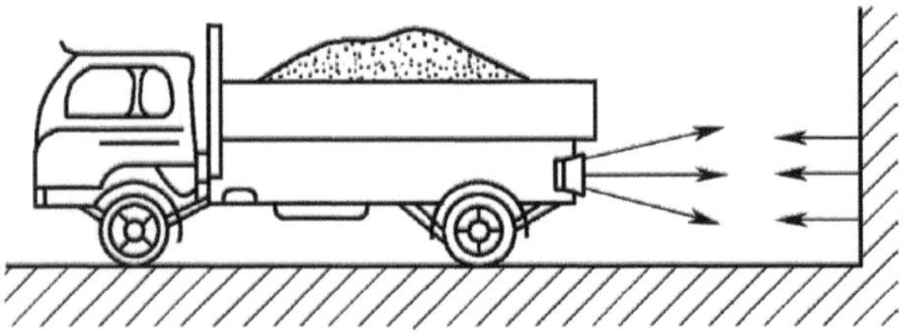

图 6-22　汽车倒车防碰装置的示意图

2. 3 个超声波流量计在管道中的安装位置如图 6-23 所示，请指出这些流量计的安装位置是否合适？为什么？

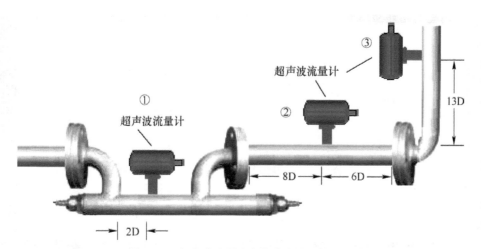

图 6-23 超声波流量计在管道中的安装位置

三、项目评价评分表

1. 个人知识和技能评价表

班级：＿＿＿＿＿ 姓名：＿＿＿＿＿ 成绩：＿＿＿＿＿

评价方面	评价内容及要求	分值	自我评价	小组评价	教师评价	得分
实操技能	① 能检测超声波探头质量	10				
	② 能检测超声波传感器性能	10				
	③ 了解超声波流量计安装应注意的问题	20				
理论知识	① 了解超声波传感器的应用场合	15				
	② 理解超声波传感器应用中的工作过程	10				
	③ 了解超声波传感器的工作原理	15				
	④ 了解超声波等效电路和发射与接收电路的工作原理	10				
安全文明生产和职业素质	① 态度认真，按时出勤，不迟到早退，按时按要求完成实训任务	2				
	② 具有安全文明生产意识，安全用电，操作规范	2				
	③ 爱护工具设备，工具摆放整齐	2				
	④ 操作工位卫生良好，保护环境	2				
	⑤ 节约能源，节省原材料	2				

2. 小组学习活动评价表

班级：＿＿＿＿＿＿＿＿＿＿ 小组编号：＿＿＿＿＿＿＿＿＿ 成绩：＿＿＿＿＿＿＿＿＿

评价项目	评价内容及评价分值			小组内自评	小组互评	教师评分	得分
分工合作	优秀（16～20分）	良好（12～16分）	继续努力（12分以下）				
	小组人员分工明确，任务分配合理，有小组分工职责明细表，能很好地团队协作	小组人员分工较明确，任务分配较合理，有小组分工职责明细表，合作较好	小组人员分工不明确，任务分配不合理，无小组分工职责明细表，人员各自为阵				
获取与项目有关的信息	优秀（16～20分）	良好（12～16分）	继续努力（12分以下）				
	能使用适当的搜索引擎从网络等多种渠道获取信息，并合理地选择、使用信息	能从网络获取信息，并较合理地选择、使用信息	能从网络或其他渠道获取信息，但信息选择不正确，使用不恰当				
实操技能	优秀（24～30分）	良好（18～24分）	继续努力（18分以下）				
	能按技能目标要求规范完成每项实操任务	能按技能目标要求规范较好地完成每项实操任务	只能按技能目标要求完成部分实操任务				
基本知识分析讨论	优秀（24～30分）	良好（18～24分）	继续努力（18分以下）				
	讨论热烈、各抒己见，概念准确、原理思路清晰、理解透彻，逻辑性强，并有自己的见解	讨论没有间断、各抒己见，分析有理有据，思路基本清晰	讨论能够展开，分析有间断，思路不清晰，理解不透彻				
总分							

>>>> 项目小结 <<<<

❶ 声波是一种能在气体、液体和固体中传播的机械波。

声源在介质中施力的方向与波在介质中传播的方向不同，声波的波形则不同。依据超声场中质点的振动与声能量传播方向的不同，超声波的波形一般分为横波、纵波和表面波3种。

❷ 利用超声波受到机械振动能发声的特性可以对超声波探头进行质量检测；超声波具有反射、折射和衰减的特性，在不同的介质中，传输的速度不同。超声波探头主要由超声波晶体组成，既可以发射超声波，也可以接收超声波。通过搭接电路可以测试超声波传感器的幅频特性。

安装不合理是超声波流量计不能正常工作的主要原因，在安装前应了解现场管道的材质、管壁厚度、管径以及管道年限；流体类型是否含有杂质、气泡以及是否满管；安装现场是否有干扰源等；安装超声波流量计时应注意管段安装位置，安装距离应有合适长度的直管段，应远离阀门、弯头、变径、扩径、阀门、水泵、插入装置，避免安装在管道底部和顶部，测量点应充分远离高压电、变频器等干扰源，远离管道焊缝，防止有不满管、气泡或沉淀等现象，安装点要考虑温度、压力参数，应处理好传感器与管道的接触部分；安装完毕后注意保证传感器的密封性。

霍尔传感器的认知

目前，国内外的汽车所使用的电子点火系统主要分为有触点的电子点火系统和无触点的电子点火系统两大类。无触点的电子点火系统利用传感器代替断电器触点，产生点火信号，从而控制点火线圈的通断和点火系统的工作，克服点火时间不准确、触点易烧坏、高速时动力不足等缺点，在国内外汽车上的应用十分广泛。

桑塔纳轿车所用的霍尔式点火系统属于无触点的电子点火系统，该点火系统主要由蓄电池、点火开关、高能点火线圈、点火控制器、霍尔分电器、火花塞等组成，如图 7-1 所示。

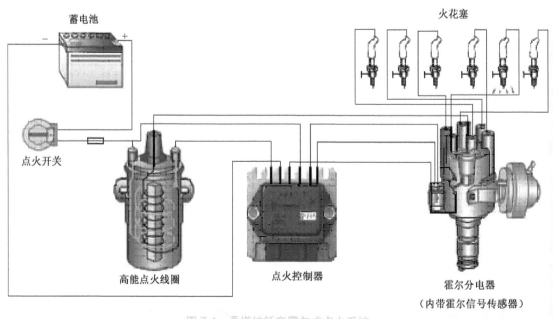

火花塞

蓄电池

点火开关

高能点火线圈

点火控制器

霍尔分电器
（内带霍尔信号传感器）

图 7-1　桑塔纳轿车霍尔式点火系统

点火控制器安装在轿车前挡风玻璃的右前方，其接线端子分别连接高能点火线圈、霍尔分电器、蓄电池，此外还有信号线、电源线、点火控制器电源线等。霍尔信号发生器装在分电器内，它由触发叶轮和霍尔传感器等组成，霍尔分电器的结构如图7-2所示。霍尔集成块的电源由点火器提供。霍尔信号发生器触发叶轮像传统分电器的凸轮一样，套装在分电器轴的上部，它可以随分电器轴一起转动，又能相对于分电器轴做少量转动，以保证离心调节装置正常工作。触发叶轮的叶片数与汽缸数相等，其上部套装分火头，与触发叶轮一起转动。

图7-2所示为霍尔分电器的结构。其中，图7-2（a）所示为霍尔分电器实物图，图7-2（b）所示为带缺口的叶轮示意图，图7-2（c）所示为触发叶轮与永久磁铁及霍尔元件之间的安装关系。触发叶轮带有4个缺口，在叶轮的内外各装一个永久性磁铁和霍尔元件。当触发叶轮随分电器轴转动时，叶轮的缺口交替地在永久性磁铁与霍尔元件之间穿过。当叶轮的缺口转动到永久性磁铁与霍尔元件之间时，磁力线穿过缺口，作用于霍尔元件，霍尔元件产生霍尔电压；当叶片转动到永久性磁铁与霍尔元件之间时，永久性磁铁的磁力线被叶片遮挡旁路，不能作用到霍尔元件上，霍尔元件不产生霍尔电压。霍尔分电器轴每转一圈，便输出4个方波。叶轮的不断转动使霍尔元件中产生交变的电信号（方波）。当信号输出端把信号输入到点火控制器后，经过多级放大驱动功率三极管的工作，进而控制点火线圈，使点火线圈高压输出端输出高压脉冲到火花塞点火。

（a）霍尔分电器实物图

叶轮缺口　　触发叶片

（b）带缺口的触发叶轮

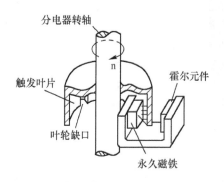

分电器转轴

触发叶片　　　　　霍尔元件

叶轮缺口　　　　　永久磁铁

（c）触发叶轮与永久磁铁及
霍尔元件之间的安装关系

图 7-2　霍尔分电器的结构

项目学习目标

	学习目标	学习方式	学时
技能目标	① 掌握霍尔传感器质量检测方法； ② 学会霍尔传感器的功能测试方法； ③ 学会制作简易高斯计； ④ 了解霍尔传感器选用原则	学生实际操作和领悟，教师指导演示	2

续表

	学 习 目 标	学 习 方 式	学 时
知识目标	① 掌握霍尔传感器的应用场合和应用方法，理解它们的工作过程； ② 掌握霍尔传感器的工作原理； ③ 掌握霍尔传感器测量电路的工作原理	教师讲授、 自主探究	2
情感目标	① 培养观察与思考相结合的能力； ② 培养学会使用信息资源和信息技术手段去获取知识的能力； ③ 培养学生分析问题、解决问题的能力； ④ 培养高度的责任心、精益求精的工作热情，一丝不苟的工作作风； ⑤ 激励学生对自我价值的认同感，培养遇到困难决不放弃的韧性； ⑥ 激发学生对霍尔传感器学习的兴趣，培养信息素养； ⑦ 树立团队意识和协作精神	学生网络 查询、小组讨 论、相互协作	

项目任务分析

本项目主要认知霍尔传感器，霍尔传感器是一种基于霍尔效应的磁传感器，得到了广泛的应用。霍尔传感器可以检测磁场及其变化，可在各种与磁场有关的场合中使用。通过本项目的技能训练及理论学习，要求掌握霍尔传感器的应用场合和应用方法，理解它们的工作过程；掌握霍尔传感器质量检测方法，学会霍尔传感器的功能测试方法，学会制作简易高斯计，了解霍尔传感器选用原则；掌握霍尔效应的基本概念，掌握霍尔传感器的工作原理，熟悉霍尔元件的分类，了解霍尔传感器测量电路的功能。

任务一　了解霍尔传感器的组成

霍尔传感器又称为霍尔元件。霍尔传感器的组成如图 7-3 所示，利用半导体材料的霍尔效应，以磁路系统作为媒介，将转速、液位、流量、位置等物理量所引起的磁感应强度的变化转换为霍尔电动势 U_{EH} 输出，或者在磁场一定的情况下，被测的量引起的电流的变化转换为霍尔电动势输出。

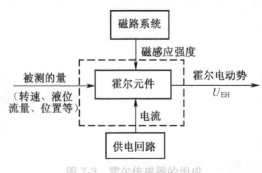

图 7-3　霍尔传感器的组成

下面通过由霍尔传感器组成的分电器来了解霍尔传感器的组成，如图 7-4 所示。在这里，敏感元件和转换元件合为一体，成为霍尔传感器。

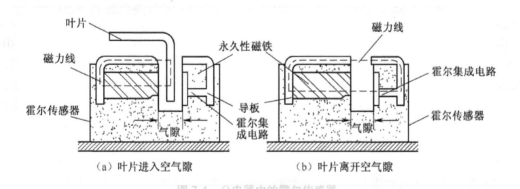

图 7-4　分电器中的霍尔传感器

任务二　认知霍尔传感器的结构及工作原理

一、霍尔传感器的结构

霍尔传感器的外形结构如图 7-5 所示。

图 7-5　霍尔传感器的外形结构

二、霍尔传感器的工作原理

当一块通电的半导体薄片垂直置于磁场中时，薄片两侧会产生电位差，此现象称为霍尔效应，此电位差称为霍尔电动势 U_{EH}，电动势的大小由式（7-1）表示：

$$U_{EH}=K_H IB \tag{7-1}$$

在式（7-1）中，K_H 称为霍尔元件的灵敏度系数，单位为 mV/（mA·T）。霍尔电动势

与输出电流 I、磁感应强度 B 成正比，且当 I 或 B 的方向改变时，霍尔电动势的方向也随之改变。

霍尔元件通常做成正方形薄片。在薄片的相对两侧对称地焊上两对电极引出线（一对电极称为激励电流端，另一对电极称为霍尔电势输出端），如图 7-6（a）所示。图 7-6（b）所示为霍尔传感器的电气符号图，图 7-6（c）所示为霍尔传感器的工作原理图。无磁场作用时，半导体通以电流，电子自左向右做定向直线运动。在半导体薄片的垂直方向施加磁场时，电子会受到洛伦兹力 F_H 的作用，于是电子的运动方向发生了偏转，向一侧偏移、堆积形成电场，电场对电子产生电场力。电子积累得越多，电场力越大，洛伦兹力的方向与电场力的方向恰好相反。当两个力达到动态平衡时，在薄片的两侧就建立了稳定电场，即霍尔电动势。如果流过的电流越大，则电荷量就越多，霍尔电动势越高；如果磁感应强度越强，电子受到的洛伦兹力也就越大，电子参与偏转的数量就越多，霍尔电动势也越高。此外，薄片的厚度、半导体材料中的电子浓度对霍尔电动势的大小也会有影响。

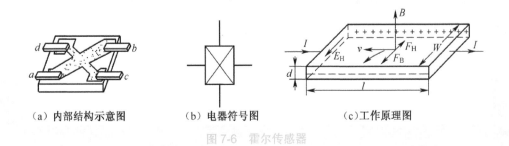

（a）内部结构示意图　　　　（b）电器符号图　　　　　（c）工作原理图

图 7-6　霍尔传感器

导体材料的导电率虽然很大，但电阻率很小，不适宜制成霍尔传感器，而绝缘体材料的电阻率很大，但导电率很小，也不适宜制成霍尔传感器，只有半导体材料的电阻率和导电率均适中，适合制成霍尔传感器。在 N 型半导体材料中，电子的迁移率比空穴的大，且 N 型半导体的导电率比空穴的大，因此，一般多采用 N 型半导体作为霍尔传感器的材料。

由工作原理可以看出，霍尔传感器能应用于以下 3 个方面。

（1）维持激励电流 I 不变，用霍尔传感器可构成磁感器强度计、霍尔转速表、角位移测量仪、磁性产品计数器、霍尔角编码器以及基于测量微小位移的霍尔加速度传感器、微压力传感器等。

（2）保持磁感应强度 B 恒定，用霍尔传感器可制成过电流检测装置等。

（3）当 I、B 两者都为变量时，用霍尔传感器可构成模拟乘法器、功率计等。

任务三　了解霍尔传感器的测量电路

一、基本应用电路

霍尔传感器的基本应用电路如图 7-7 所示。由电源 E 供给霍尔传感器输入端（a、b）控制电流 I_c，调节 R_W 可控制电流 I_c 的大小；霍尔传感器的输出端（c、d）接负载电阻 R_L，R_L 可以是放大器的输入电阻或测量仪表的内阻。薄片垂直方向通以磁场（B）。

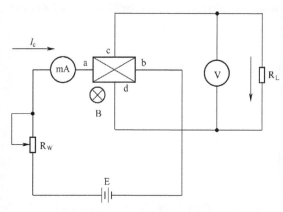

图 7-7　霍尔传感器的基本应用电路

二、霍尔集成电路

霍尔集成电路是霍尔元件与集成运放电路一体化的结构，是一种传感器模块。霍尔集成电路分为线性输出型和开关输出型两大类。利用集成电路工艺技术将霍尔元件、放大器、温度补偿电路和稳压电路集成在同一块芯片上即可形成霍尔集成电路，它具有灵敏度高、传输过程无抖动，功耗低、寿命长、工作频率高、无触点、无磨损、无火花等特点，能在各种恶劣环境下可靠、稳定地工作。

1. 线性型霍尔集成电路

线性型霍尔集成电路的输出电压与外加磁场强度在一定范围内呈线性关系。它有单端输出和双端输出（差动输出）两种电路，其内部结构如图 7-8 所示。线性型霍尔集成电路的输出电压较高，使用非常方便，已得到广泛地应用，可用于无触点电位器、非接触测距、无刷直流电机、磁场测量的高斯计、磁力探伤等方面。

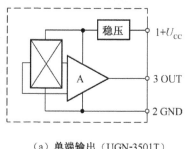

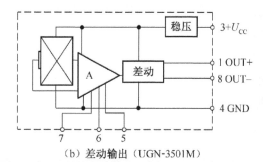

（a）单端输出（UGN-3501T）　　　　　（b）差动输出（UGN-3501M）

图 7-8　线性型霍尔集成电路

以 UGN-3501 为典型的单端输出集成霍尔传感器，是一种扁平塑料封装的三端元件，引脚 1（UCC）、2（GND）、3（OUT），有 T、U 两种型号，其区别仅是厚度不同。T 型厚度为 2.03 mm，U 型厚度为 1.45 mm。典型的双端输出集成霍尔传感器型号为 UGN-3501M，8 脚 DIP 封装，引脚 1 和 8（差动输出），2（空），3（U_{cc}），4（GND），5、6、7 间外接一调零电位器。

2. 开关型霍尔集成电路

开关型霍尔集成电路输出的是高电平或低电平的数字信号，这种集成电路一般由霍尔元件、稳压电路、差分放大器、施密特触发器（整形）以及 OC 门电路等部分组成。与线性型霍尔传感器的不同之处是增设了施密特触发器电路，施密特触发器通过三极管的集电极输出。当外加磁感应强度超过规定的工作点时，OC 门由高阻态变为导通状态，输出变为低电平；当外加磁感应强度低于释放点时，OC 门重新变为高阻态，输出高电平。较典型的开关型霍尔集成电路，如 UGN-3020，其内部框图如图 7-9 所示。

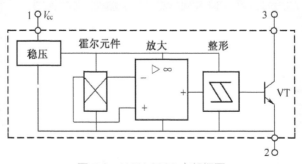

图 7-9　UGN-3020 内部框图

开关输出型霍尔集成电路与微型计算机等的数字电路兼容，因此，应用相当广泛。

开关型霍尔集成电路用于接近开关，如无触点开关、限位开关、方向开关、压力开关、转速表等。

任务四　了解霍尔传感器的应用

一、霍尔流量计

霍尔流量计如图 7-10 所示。水表的壳体内装有一个带磁铁的叶轮，磁铁旁装有霍尔传感器。当被测流体通过流量计时，就会在流量计进出口之间形成一定的压力差。在这个压力差的作用下，流体推动叶轮转动，叶轮转动的同时带动与之相连的磁铁转动，将流体由进口排向出口。叶轮经过霍尔传感器时，传感器受到磁场的作用感应出霍尔电动势，电路输出脉冲电压信号，记录脉冲输出的个数。叶轮每接近一次霍尔传感器，都会产生一个脉冲电压信号，脉冲电压的个数与转速有关，因此，只要测得叶轮的转动次数，就可以得到流体的流速。另外，若知管道的内径，则可根据流速和管径求得流量。

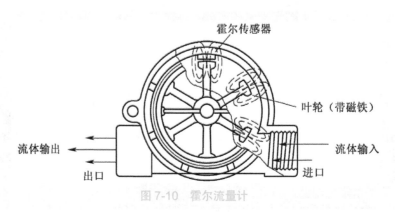

图 7-10　霍尔流量计

二、汽车制动防抱死系统（ABS）

车辆在湿滑路面上紧急制动时，车轮很容易"抱死"，当汽车前轮抱死时，汽车会失去转向能力，后轮抱死时会造成汽车急转甩尾。制动防抱死系统（ABS）是一种具有防滑、防锁死等优点的汽车安全控制系统，可使汽车在制动状态下仍能转向，防止产生侧滑和跑偏现象，提高制动减速，缩短制动距离，能有效地提高汽车的方向稳定性和转向操纵能力，保证汽车的行驶安全。

采用霍尔转轮传感器可以检测前、后车轮的转动状态，有助于控制刹车力的大小，汽车ABS制动系统如图7-11（a）所示；转速传感器在车轮上的安装位置如图7-11（b）所示，霍尔转轮传感器头剖视图如图7-11（c）所示，霍尔转轮传感器示意图如图7-11（d）所示。磁铁的磁力线穿过霍尔传感器通向齿轮，当齿轮离开叶片时，穿过霍尔传感器的磁力线分散，磁场相对较弱；而当齿轮靠近叶片时，穿过霍尔传感器的磁力线集中，磁场相对较强。齿轮转动时，使得穿过霍尔传感器的磁力线密度发生变化，因而引起霍尔电压的变化，霍尔传感器将输出一个毫伏（mV）级的准正弦波电压，此信号还需由电子电路转换成标准的脉冲电压。

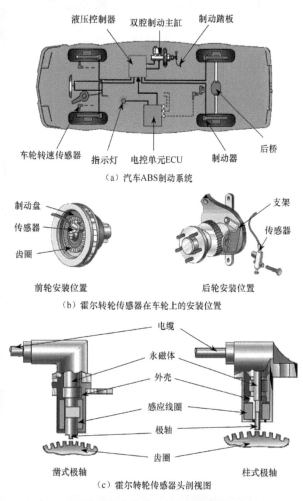

（a）汽车ABS制动系统

（b）霍尔转轮传感器在车轮上的安装位置

（c）霍尔转轮传感器头剖视图

图7-11 汽车ABS制动系统

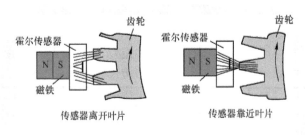

（d）图霍尔转轮传感器示意图

图 7-11　汽车 ABS 制动系统（续）

三、直流无刷电动机

电动自行车用的直流无刷电动机主要由电动机、霍尔传感器和电子开关电路 3 部分组成。如图 7-12 所示。其中，图 7-12（a）所示为直流无刷电动机的工作原理图，图 7-12（b）所示为转子上永久性磁铁的安装位置，图 7-12（c）所示为电动机的实物图。

电动机定子上有多相绕组，转子上镶有永久性磁铁。要让电动机转动起来，首先必须根据霍尔传感器来测量定子与转子之间的相对位置，以决定各个时刻多相绕组的通电状态，即决定电子开关电路的开 / 断状态，接通 / 断开电动机相应的多相绕组，从而使定子绕组按顺序导通。

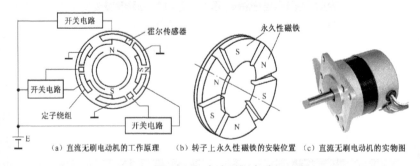

（a）直流无刷电动机的工作原理　（b）转子上永久性磁铁的安装位置　（c）直流无刷电动机的实物图

图 7-12　直流无刷电动机

当转子经过霍尔传感器附近时，转子产生的磁场令霍尔传感器输出一个电压，使定子绕组的供电电路导通，给相应的定子绕组供电，供电电路产生和转子磁场极性相同的磁场，由于同性磁场排斥而使转子转动。当转子转到下一个位置时，前一个位置的霍尔传感器停止工作，下一个位置的霍尔传感器导通，使下一个绕组通电，产生推斥磁场使转子继续转动。当转子磁场按顺序作用于各霍尔传感器时，霍尔传感器的信号就按顺序接通各定子线圈，定子线圈就产生旋转磁场，使转子不停地旋转。

任务五　超声波传感器技能训练

一、霍尔传感器的质量检测

1．材料及仪器

（1）霍尔传感器 UGN 3501T 1 个。

（2）模拟万用表 1 台。

（3）长方形磁铁 1 块。

（4）直流稳压电源 1 个。

（5）导线若干。

2．步骤

霍尔传感器 UGN-3501T 测试电路如图 7-13 所示。图 7-13（a）所示为 UGN-3501T 的管脚排列，按照图 7-13（b）所示连接电路，将万用表置于直流电压 50V 挡，红表笔接①脚，黑表笔接 3 脚，观察万用表的指针变化。

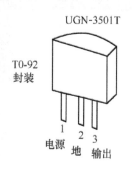
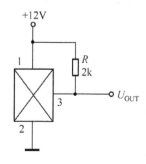

（a）UGN-3501T 管脚排列　　　　　　（b）测试电路图

图 7-13　霍尔传感器 UGN-3501T 测试电路

当用磁铁 N 极逐渐接近传感器的敏感面时，万用表的指针由高电平向低电平偏转；当磁铁的 N 极远离传感器的敏感面时，万用表指针由低电平向高电平偏转。如果磁铁 N 极接近或远离传感器敏感面时万用表的指针均不偏转，则说明该传感器已损坏。

测试时请注意：霍尔传感器有型号标记的一面为敏感面，应正对永久磁铁的相应磁极，否则传感器的灵敏度会大大降低，甚至可能不工作。

二、霍尔传感器的功能测试

1．材料及仪器

（1）霍尔传感器 UGN-3501M 1 个。

（2）数字万用表 1 台。

（3）长方形磁铁 1 块。

（4）直流稳压电源 1 台。

（5）导线若干。

2．步骤

（1）按照图 7-14（a）所示连接功能测试电路。

（2）将霍尔传感器 UGN-3501M 的输出端接上电压表，记下其初始电压值。

（3）用磁铁靠近集成电路的一头，改变与霍尔传感器的距离，记录此时电压的电压值大小和方向的变化。

（4）按照图 7-14（b）所示改变磁铁方向，改变与霍尔传感器的距离，记录此时电压的电压值大小和方向的变化。

功能测试后的结论：_____。

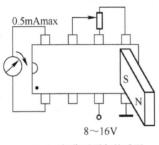

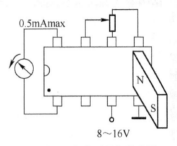

（a）S极靠近霍尔传感器　　　　　　（b）N极靠近霍尔传感器

图 7-14　UGN-3501M 功能测试电路

三、简易高斯计的制作

1．材料及仪器

（1）霍尔传感器 UGN-3501H 1 个。

（2）数字万用表 1 台。

（3）长方形磁铁 1 块。

（4）直流稳压电源 1 台。

（5）导线若干。

2．步骤

（1）如图 7-15 所示，搭接测试电路。电源电压为 8 ～ 16V。在 5、6 脚上接一个 20Ω 的调零电位器，在 1、8 脚上接一可调灵敏度为 10kΩ 的电位器及内阻常数最小为 10kΩ/V 的电压表。在 5、6 两脚上各接一只 47Ω 电阻后，再接 20Ω 电位器。

（2）调试电路。使用长方形磁铁靠近霍尔传感器，观察电压表读数的变化。

（3）固定磁铁，调整电位器，观察电压表读数的变化。

四、霍尔传感器选择的认知

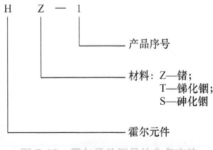

图 7-16　霍尔元件型号的命名方法

需要根据具体的测量目的、测量对象以及测量环境合理地选用霍尔传感器。国产霍尔元件型号的命名方法如图 7-16 所示。

H　Z　—　1

产品序号

材料：Z—锗；
　　　T—锑化铟；
　　　S—砷化铟

霍尔元件

图 7-16　霍尔元件型号的命名方法

常见的国产霍尔元件型号有 HZ-1、HZ-2、HZ-3、HZ-4、HT-1、HT-2、HS-2 等。

霍尔传感器的选用须遵循如下几个原则。

（1）根据被测信号是模拟信号还是数字信号选择性能与之相类似的霍尔传感器；

（2）根据测量参数、技术条件和性能的不同，选择更适合的霍尔传感器。

① 测量磁场：如果要求被测磁场精度较高，如优于 ±0.5%，那么通常选用砷化镓霍尔传感器，其灵敏度高，约为 5 ~ 10mv/100mT 温度误差可忽略不计，且材料性能好，可以做的体积较小。在被测磁场精度较低. 体积要求不高，如精度低于 ±0.5% 时，最好选用硅和锗霍尔传感器。

② 测量电流：精度要求较高时. 选用砷化镓霍尔传感器，精度要求不高时，可选用砷化镓、硅、锗等霍尔传感器。

③ 测量转速和脉冲：测量转速和脉冲时，通常选用集成霍尔开关和锑化铟霍尔传感器。

项目评价

一、思考题

1. 填空题

（1）霍尔传感器是利用_____效应来进行测量的。通过该效应可测量_____的变化、_____的变化和_____的变化。

（2）霍尔传感器由_____材料制成，_____和_____不能用作霍尔传感器。

（3）常见的霍尔集成电路有_____型和_____型。

（4）当一块半导体薄片置于_____中有_____流过时，电子将受到_____的作用而发生偏转，在半导体薄片的另外两端将产生霍尔电动势。

2. 选择题

（1）常用（　　）制作霍尔传感器的敏感材料。

A. 金属　　　　　　　B. 半导体　　　　　C. 塑料

（2）霍尔集成电路有（　　）和（　　）两种类型。

A. 霍尔线性集成电路　　　　　　　B. 霍尔速度集成电路

C. 霍尔电位集成电路　　　　　　　D. 霍尔开关集成电路

（3）下列物理量中可以用霍尔传感器来测量的是（　　）。

A. 位移量　　　　　　B. 湿度　　　　　　C. 烟雾浓度

（4）霍尔传感器基于（　　）。

A. 霍尔效应　　　B. 热电效应　　　C. 压电效应　　　D. 电磁感应

（5）霍尔电动势与（　　）。

A. 激励电流成正比　　　　　　　　B. 激励电流成反比

C. 磁感应强度成反比　　　　　　　D. 磁感应强度成正比

3. 问答题

（1）什么是霍尔效应？霍尔电动势与哪些因素有关？

（2）何谓霍尔集成电路？常见的有哪些？各用于哪些方面？

（3）试述霍尔传感器主要有哪几方面的应用？

（4）为什么导体材料和绝缘体材料不宜制成霍尔传感器？

（5）为什么霍尔传感器一般采用 N 型半导体材料？

二、技能训练

1. 液位控制系统如图 7-17 所示，简述该系统工作原理。

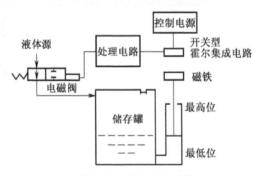

图 7-17　液位控制系统

2. 电梯智能称重装置如图 7-18 所示，简述该装置的工作原理，能否采用其他类型的传感器来设计一种电梯智能称重装置？试画出这种装置的结构简图。

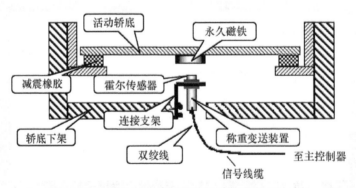

图 7-18　电梯智能称重装置

三、项目评价评分表

1. 个人知识和技能评价表

班级：＿＿＿＿＿＿　　姓名：＿＿＿＿＿＿　　成绩：＿＿＿＿＿＿

评价方面	评价内容及要求	分值	自我评价	小组评价	教师评价	得分
实操技能	① 能检测霍尔传感器质量	10				
	② 能检测霍尔传感器性能	10				
	③ 会制作简易高斯计	10				
	④ 了解霍尔传感器选用原则	10				

续表

评价 方面	评价内容及要求	分值	自我评价	小组评价	教师评价	得分
理论 知识	① 了解霍尔传感器的应用场合	15				
	② 理解霍尔传感器应用中的工作过程	10				
	③ 了解霍尔传感器的工作原理	15				
	④ 了解霍尔测量电路的工作原理	10				
安全文 明生产 和职业 素质培 养	① 态度认真，按时出勤，不迟到早退， 按时按要求完成实训任务	2				
	② 具有安全文明生产意识，安全用电， 操作规范	2				
	③ 爱护工具设备，工具摆放整齐	2				
	④ 操作工位卫生良好，保护环境	2				
	⑤ 节约能源，节省原材料	2				

2. 小组学习活动评价表

班级：_____ 小组编号：_____ 成绩：_____

评价 项目	评价内容及评价分值			小组内 自评	小组 互评	教师 评分	得分
分工 合作	优秀（16～20分）	良好（12～16分）	继续努力（12分以下）				
	小组人员分工明确，任务分配合理，有小组分工职责明细表，能很好地团队协作	小组人员分工较明确，任务分配较合理，有小组分工职责明细表，合作较好	小组人员分工不明确，任务分配不合理，无小组分工职责明细表，人员各自为阵				
获取与 项目有 关的信 息	优秀（16～20分）	良好（12～16分）	继续努力（12分以下）				
	能使用适当的搜索引擎从网络等多种渠道获取信息，并合理地选择、使用信息	能从网络获取信息，并较合理地选择、使用信息	能从网络或其他渠道获取信息，但信息选择不正确，使用不恰当				
实操 技能	优秀（24～30分）	良好（18～24分）	继续努力（18分以下）				
	能按技能目标要求规范完成每项实操任务	能按技能目标要求规范较好地完成每项实操任务	只能按技能目标要求完成部分实操任务				
基本 知识 分析 讨论	优秀（24～30分）	良好（18～24分）	继续努力（18分以下）				
	讨论热烈、各抒己见，概念准确、原理思路清晰、理解透彻，逻辑性强，并有自己的见解	讨论没有间断、各抒己见，分析有理有据，思路基本清晰	讨论能够展开，分析有间断，思路不清晰，理解不透彻				
总分							

>>>> 项目小结 <<<<

① 霍尔传感器是一种利用霍尔效应工作的传感元件，霍尔效应产生的电动势与通过的控制电流以及垂直于霍尔元件的磁场有关。利用霍尔传感器可以测量最终能够转换成电流、磁场强度的物理量。由于霍尔元件的材料属于半导体，所以把测量电路集成在一块芯片上即可构成霍尔集成电路，常见的霍尔集成电路有线性型和开关型。在实际应用中，常利用霍尔集成电路测量位移、磁感应强度、转速以及电流、电压。

② 利用万用表可以检测霍尔传感器的质量好坏及霍尔传感器性能，利用霍尔效应可制作简易的高斯计。在选用霍尔传感器时，应根据被测信号是模拟信号还是数字信号来选择，同时还要考虑现场需要测量的参数、技术条件和性能等情况。

温度传感器的认知

项目情境

在化工生产过程中，最核心的是通过化学反应完成原料到产物的转变。化学反应伴随着反应物料的混合、反应成分的传递和大量反应热的吸入与放出等物理过程。其中，最关键的是进行化学反应的设备——反应釜的温度控制过程，反应釜温度的稳定性直接关系到化工产品的质量、产出率、能耗以及催化剂的使用寿命。

反应釜的温控系统如图 8-1 所示，系统由温度传感器、调节阀、AI808 温度控制仪及反应釜等组成。温度控制仪 AI808-1 接收反应釜内温度传感器（铂电阻 1）的温度信号，温度控制仪 AI808-2 接收加热层内的温度传感器（铂电阻 2）的温度信号。驱动冷水阀和蒸汽调节阀，将冷水和蒸汽注入加热总管，用以调节反应釜内的温度。由于加热层包裹在反应釜外，它的温度响应速度快，能很快达到所设定的温度，但反应釜内温度的响应速度慢，故利用铂电阻 2 测试的温度信号作为前馈控制，提前做出反应，调节冷水阀门，把加热用水控制到理想温度。此系统中所采用的温度传感器是由铂电阻 1 和铂电阻 2 构成的热电偶。

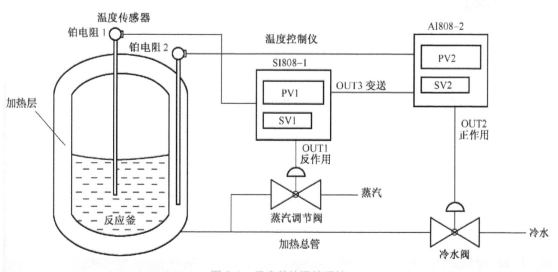

图 8-1　反应釜的温控系统

目学习目标

	学 习 目 标	学 习 方 式	学 时
技能目标	① 学会简易热电偶的制作； ② 学会热电阻和热敏电阻的功能测试方法； ③ 了解热电偶和热电阻安装事项	学生实际操作和领悟，教师指导演示	2
知识目标	① 掌握温度传感器的应用场合和应用方法，理解它们的工作过程； ② 掌握温度传感器的工作原理； ③ 掌握温度传感器测量电路的工作原理	教师讲授、自主探究	6
情感目标	① 培养观察与思考相结合的能力； ② 培养学生使用信息资源和信息技术手段去获取知识的能力； ③ 培养学生分析问题、解决问题的能力； ④ 培养高度的责任心、精益求精的工作热情，一丝不苟的工作作风； ⑤ 激励学生对自我价值的认同感，培养遇到困难决不放弃的韧性； ⑥ 激发学生对温度传感器学习的兴趣，培养信息素养； ⑦ 树立团队意识和协作精神	学生网络查询、小组讨论、相互协作	

目任务分析

本项目主要学习温度传感器。温度是一个基本的物理量，在自然界中的一切过程无不与温度密切相关，各技术领域都离不开温度的测控。通过本项目的技能训练及理论学习，要求掌握温度传感器的应用场合和应用方法，理解它们的工作过程，学会简易热电偶的制作，学会热电阻和热敏电阻的功能测试方法，了解热电偶和热电阻安装事项，掌握温度传感器的工作原理，了解其结构及分类，了解温度传感器测量电路的功能。

任务一　了解温度传感器的组成

温度传感器是利用热电效应将温度的变化转换为热电动势或电阻的变化的一种传感器，通过测量热电动势或电阻变化的大小即可知温度的变化。温度传感器的组成如图 8-2 所示。按照转换原理的不同，温度传感器可分为热电偶温度传感器、热电阻温度传感器和热敏电阻温度传感器 3 类。

下面通过铂电阻温度传感器来了解温度传感器的组成，如图 8-3 所示，此处，铂电阻属热电偶温度传感器，它既是敏感元件，又是转换元件。它能检测到温度的变化并将其转换为热电动势，通过接线盒内的电路对热电动势进行放大。

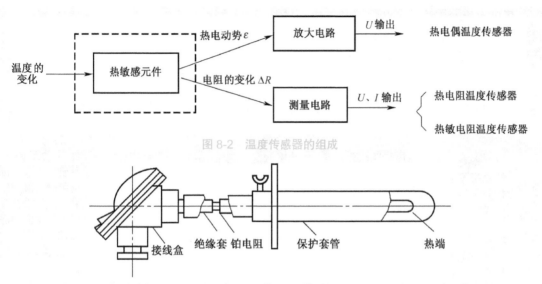

图 8-2　温度传感器的组成

图 8-3　铂电阻传感器的组成

任务二　认知热电偶

一、热电偶的结构

各种热电偶传感器的结构如图 8-4 所示。

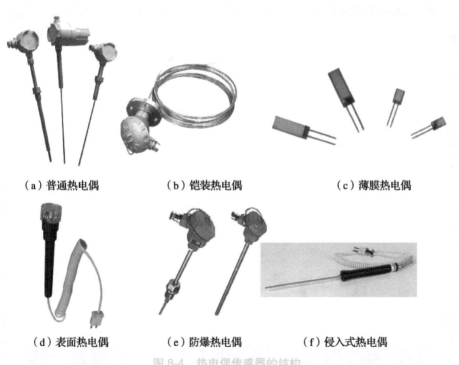

（a）普通热电偶　　　（b）铠装热电偶　　　（c）薄膜热电偶

（d）表面热电偶　　　（e）防爆热电偶　　　（f）侵入式热电偶

图 8-4　热电偶传感器的结构

热电偶按照用途、安装位置和方式、材料等的不同可分为普通热电偶、铠装热电偶、薄膜热电偶、表面热电偶、防爆热电偶以及浸入式热电偶等不同类型，但其基本组成大致相同，各种热电偶性能的比较如表 8-1 所示。

表 8-1　各种热电偶性能的比较

类型	普通热电偶	铠装热电偶	薄膜热电偶	表面热电偶	防爆热电偶	浸入式热电偶
结构	由热电极、绝缘套管、保护管和接线盒组成	由热电偶丝、绝缘材料和金属套管三者经拉伸加工而成的坚实组合体	由两种薄膜热电极材料用真空蒸镀、化学涂层等方法蒸镀到绝缘基板上面制成	它的测温结构分为凸形、弓形和针形	采用间隙隔爆原理，设计具有足够强度的接线盒等部件从而进行隔爆	热电极装在外径为 U 形石英管内，其外部有绝缘良好的纸管、保护管及高温绝热水泥加以保护和固定
性能特点	装配简单，更换方便；压簧式感温元件，抗震性能好；测量范围大；机械强度高，耐压性能好	小型化（直径从 12 ~ 0.25mm）；动态响应快；柔性好；便于弯曲；强度高；使用方便	测量端小又薄；动态响应快；反应时间仅为几毫秒	携带方便；读数直观；反应较快；价格低	接线盒的特殊结构能避免生产现场引起爆炸	反应时间一般为 4 ~ 6s。在测出温度后，热电偶和石英保护管都被烧坏，因此它只能一次性使用
测量范围	0 ~ 1300℃	0 ~ 1300℃	–200 ~ 500℃	0 ~ 250℃和 0 ~ 600℃两种	0 ~ 1300℃	–50 ~ 500℃
使用场合	测量生产过程中的各种液体、蒸汽和气体介质以及固体表面温度	测量生产过程中的各种液体、蒸汽和气体介质以及固体表面的温度，特别是高压装置和狭窄管道的温度	测量微小面积上的温度以及快速变化的表面温度	测量金属块、炉壁、橡胶筒、涡轮叶片、轧辊等固体的表面温度	测量易燃、易爆等化学气体的温度	测量液态金属如钢水、铜水、铝水以及熔融合金的温度

二、热电偶的工作原理

将两种不同材料的导体 A 和 B 串接成一个闭合回路。当两个接点的温度不同时，回路中就会产生热电动势，形成电流，此现象称为热电效应，如图 8-5 所示。

在实际的应用中，经常将热电偶两个电极的一端焊接在一起作为检测端（也称作工作端或热端）；将另一端开路，用导线与仪表连接，这一端被称为自由端（也称作参考端或冷端）。热电偶的实际应用如图 8-6 所示。

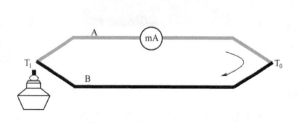

图 8-5　热电效应

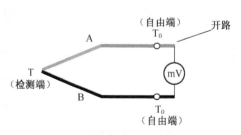

图 8-6　热电偶的实际应用

温度的变化所产生的热电动势可以用式（8-1）表示

$$E_T = E_{AE}(T) - E_{AE}(T_0) \qquad (8-1)$$

在式（8-1）中，E_T 为热电偶的热电动势；$E_{AE}(T)$ 为温度在 T 时工作端的热电动势；$E_{AE}(T)$ 为温度在 T_0 时自由端的热电动势。

三、热电偶的测量电路

由于热电偶产生的信号较小（毫伏级），一般需要对信号进行放大，因此热电偶的测温电路要有放大环节。

1. 利用热电偶测量某点的温度

利用热电偶测量某点的温度时，热电偶和测量仪表构成的基本测量电路如图 8-7（a）所示。测量仪表一般采用动圈仪表，这种电路常用于精度要求不高的场合，但其结构简单，价格低。为了提高测量精度，也可将 n 支型号相同的热电偶依次串联，如图 8-7（b）所示，也可采用若干个热电偶并联，如图 8-7（c）所示。

与串联电路相比，并联电路的热电动势小。即使部分热电偶发生断路也不会中断整个并联电路的工作，但缺点是当某个热电偶断路时不能很快被发现。

2. 利用热电偶测量两点之间的温度差

图 8-7（d）所示为测两点之间温差的测量电路。将两支同型号的热电偶配以相同的补偿导线反向串联在一起，使热电动势相减，测出 T_1、T_2 的温度差。

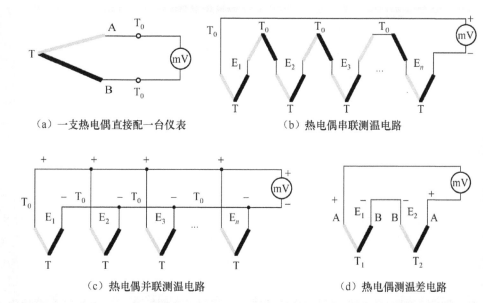

（a）一支热电偶直接配一台仪表 　　（b）热电偶串联测温电路

（c）热电偶并联测温电路 　　（d）热电偶测温差电路

图 8-7　热电偶的测量电路

四、热电偶的应用

1. 炉温自控系统

热电偶经常被用于测量温度比较高的加热炉、重油燃烧炉内的温度，由热电偶构成的炉温自控系统如图 8-8 所示。其中，图 8-8（a）所示为高温加热炉，图 8-8（b）所示为控制柜，

图 8-8（c）所示为系统框图。

（a）高温加热炉

（b）控制柜

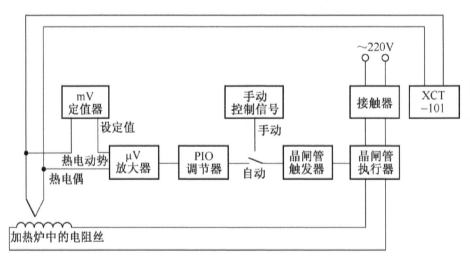

（c）系统框图

图 8-8　炉温自控系统

由毫伏定值器设定毫伏值（即设定温度），若热电偶测量的热电动势与定值器的设定值存有偏差，则说明炉温偏离设定值。此偏差信号经放大器放大后送入 PIO 调节器，再经过晶闸管触发器去推动晶闸管执行器，调整炉体内电阻丝的加热功率，消除偏差，达到控温的目的。

2. 豆浆机

豆浆机如图 8-9 所示，豆浆机完成制作豆浆一般要经过预热、打浆、煮浆等全自动化过程。图 8-9（a）所示为豆浆机结构图，图 8-9（b）所示为豆浆机中的机头结构图。在预热阶段，电热器对豆浆机内的水加热，安装在豆浆机机头钢管内部最头部的热电偶用于检测水的温度，将温度转化成电信号，传递给控制器，当水温达到设定温度（一般要求 80℃）时，启动电机开始打浆；热电偶兼作防干烧电极，监控豆浆机内水位，防止缺水干烧；防溢电极监控豆浆上层泡沫状态，防止豆浆溢出。

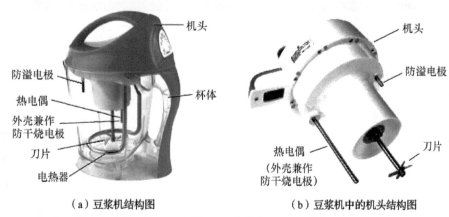

图 8-9　豆浆机

（a）豆浆机结构图　　　　（b）豆浆机中的机头结构图

任务三　认知热电阻

热电阻是基于金属导体的电阻值随温度的升高而增大的特性来测量温度的，主要特点是测量精度高、性能稳定，在工业生产中主要测量 –100 ~ 500℃的温度。

一、热电阻的结构

热电阻的结构比较简单，一般将细金属丝均匀地缠绕在绝缘材料制成的骨架上或通过激光溅射工艺在基片形成，经过固定，外面再加上保护套管便构成了热电阻，图 8-10 所示为各种热电阻的外形结构及电气符号。其中，图 8-10（a）所示为各种热电阻的实物图，图 8-10（b）所示为带保护管的铂测温电阻元件结构图，图 8-10（c）所示为热电阻的电气符号。

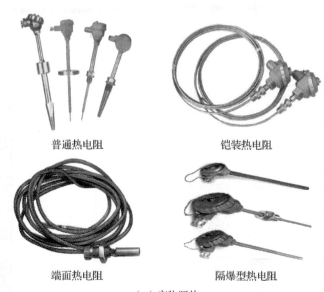

普通热电阻　　　　　　　铠装热电阻

端面热电阻　　　　　　隔爆型热电阻

（a）实物照片

图 8-10　热电阻外形结构及电气符号

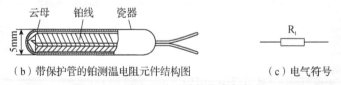

（b）带保护管的铂测温电阻元件结构图　　　　（c）电气符号

图 8-10　热电阻外形结构及电气符号

常用的热电阻有普通热电阻、铠装热电阻、端面热电阻和隔爆型热电阻等。这些热电阻都有自身的特点，适用于不同的应用场合，应用最多的是普通热电阻，主要有铂热电阻（Pt）、铜热电阻（Cu）以及镍热电阻（Ni）等。铂热电阻的使用率最高，测量精确度也最高，不仅被广泛应用于工业测温领域，而且还被制成标准的基准仪。表 8-2 所示为各种热电阻性能的比较。

表 8-2　各种热电阻性能的比较

类型	普通热电阻	铠装热电阻	端面热电阻	隔爆型热电阻
结构构成	感温元件、固定装置和接线盒	感温元件（电阻体）、引线、绝缘材料、不锈钢套管	感温元件由经特殊处理的电阻丝材料绕制，紧贴在温度计端面上	与装配式薄膜铂热电阻的结构基本相同，两者的区别是隔爆型热电阻的接线盒用高强度的铝合金压铸而成，并具有足够的内部空间、壁厚和机械强度
性能特点	测量精度高；测量范围广；运行稳定可靠	形状细长；易弯曲；抗震性好；热响应时间短	能更正确、快速地反映被测端面的实际温度	接线盒的特殊结构能避免生产现场引起爆炸
使用场合	工业生产中使用范围最广的一类热电阻	直径比装配式热电阻的小，适宜安装在装配式热电阻无法安装的场合	适用于测量轴瓦和其他机件的端面温度	适用于在一些易燃、易爆的环境中使用，如化工、化纤行业等

二、热电阻的工作原理

热电阻是利用金属导体电阻的阻值随温度变化的特性来测量温度的。当金属导体的温度上升时，金属内部原子晶格的振动加剧，从而使金属内部的自由电子通过金属导体时的阻碍增大，宏观上表现出电阻率变大，电阻值增加，我们称其为正温度系数，即电阻值与温度的变化趋势相同。

三、热电阻的测量电路

在测量中，常采用电桥电路来克服环境温度对测量精度的影响。图 8-11 所示为热电阻测量电路：R_t 为热电阻，R_1、R_2、R_3 为标准电阻，4 个电阻构成电桥的 4 个桥臂。热电阻的两根引

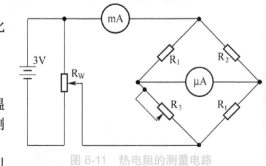

图 8-11　热电阻的测量电路

线的电阻值被分配在两个相邻的桥臂中，这样就可以相互抵消由于环境温度的变化所引起的引线电阻值的变化而造成的测量误差。

四、热电阻的应用

1. 热电阻的流量计

热电阻的流量计如图 8-12 所示。其中，图 8-12（a）所示为外形图，图 8-12（b）所示为原理图。R_{t1} 放在管道中央，它的散热情况受介质流速的影响；R_{t2} 放在小室内，小室内的温度与流体的相同，但不受介质流速的影响。当介质处于静止状态时，电桥处于平衡状态，流量计没有读数。当介质流动时，由于介质流动将带走热量而使管道内的温度发生变化，温度的变化引起 R_{t1} 阻值的变化，使电桥失去平衡而有输出，使电流计的读数便直接反映了流量的大小。

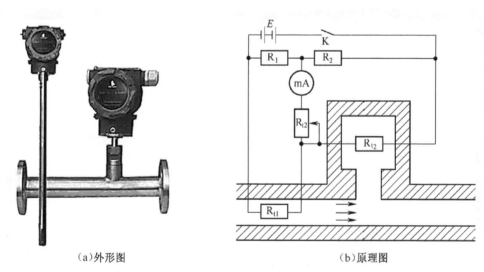

（a）外形图　　　　　　　　　　　　　　（b）原理图

图 8-12　热电阻的流量计

2. 热导式气体成分分析仪

热导式气体成分分析仪常用于锅炉烟气分析和氢气纯度分析，也常用作色谱分析仪的检测器，其实物如图 8-13（a）所示。

热导式气体分析仪是利用两种组分不同的热导率来测量气体浓度的。检测器原理简图如图 8-13（b）所示。检测器内部有参比室和测量室，内部分别装有一根细热铂。参比室内密封着参比（基准）气体铂丝与外部定值电阻组合，形成电桥回路，恒定电流分别流过各铂丝，使之发热。在测量室上、下开有试样气体的进出口，当试样气体以恒定的流速流入测量室时，被测组分中若浓度有变化，则试样气体的热导率会随之变化，从而使测量室铂丝的温度发生变化。将这种温度变化以电阻值变化的形式输出，运用惠斯顿电桥将阻值信号转换成电信号，通过电路处理将信号放大、温度补偿、线性化，使其成为测量值，就可以计算出被测气体的浓度。

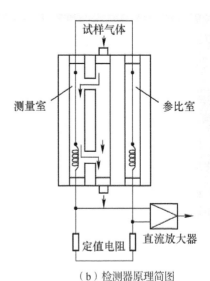

（a）热导式气体分析仪实物图　　　（b）检测器原理简图

图 8-13　热导式气体分析仪

任务四　认知热敏电阻

热敏电阻是利用半导体的电阻值随温度变化的特性而制成的一种传感器，能对温度和与温度有关的参数进行检测。

在众多的温度传感器中，热敏电阻的发展最为迅速，而且近年来其性能不断地得到改进，稳定性也大为提高，在许多场合下（–40 ~ +350℃），热敏电阻已逐渐取代了传统的温度传感器。

一、热敏电阻的结构

热敏电阻的结构及电气符号如图 8-14 所示。

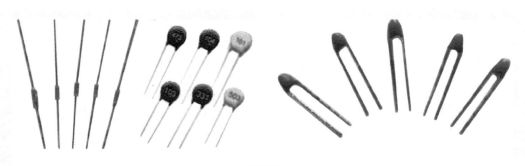

（a）实物图

（b）电气符号

图 8-14　热敏电阻的外形结构及电气符号

热敏电阻的种类很多，分类方法也不相同。按照热敏电阻的阻值与温度关系这一重要特性可把热敏电阻分为正温度系数热敏电阻（PTC）、负温度系数热敏电阻（NTC）以及临界温度系数热敏电阻（CTR）3 种类型。表 8-3 所示为各种热敏电阻性能的比较。

表 8-3　各种热敏电阻性能的比较

分类	正温度系数热敏电阻（PTC）	负温度系数热敏电阻（NTC）	临界温度系数热敏电阻（CTR）
材料	$BaTiO_3$ 或 $SrTiO_3$ 或 $PbTiO_3$ 为主要成分的烧结体	锰、钴、镍和铜等金属氧化物为主要成分的烧结体	钒、钡、锶、磷等元素氧化物的混合烧结体
特性	电阻值随温度的升高而增大	电阻值随温度的升高而下降	电阻值在某特定温度范围内随温度的升高而降低 3 ~ 4 个数量级，即具有很大的负温度系数
测量范围	−50 ~ 150℃	−50 ~ 350℃	骤变温度随添加锗、钨、钼等的氧化物而变
使用场合	作为彩电消磁，各种电器设备的过热保护，发热源的定温控制，暖风器、电烙铁、烘衣柜、空调的加热元件	作为点温、表面温度、温差、温场等测量自动控制及电子线路的热补偿线路	控温报警

二、热敏电阻的工作原理

热敏电阻器通常采用陶瓷或聚合物半导体材料制成。制造材料不同，热敏电阻表现出的温度特性也不同，热敏电阻的温度特性曲线如图8-15所示。

正温度系数热敏电阻（PTC）的电阻值在超过一定的温度（居里温度）时会随着温度的升高而呈阶跃性增高；负温度系数热敏电阻（NTC）的电阻值会随着温度的升高而呈阶跃性减小；临界温度系数热敏电阻（CTR）的电阻值在超过某一温度后会随温度的增加而激剧减小，具有很大的负温度系数。

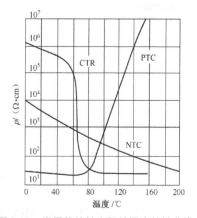

图 8-15　半导体热敏电阻的温度特性曲线

三、热敏电阻的测量电路

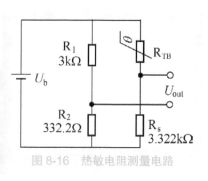

图 8-16　热敏电阻测量电路

热敏电阻所测得的是电阻量，需要转化为电压信号才能被控制器处理。最基本的电阻—电压转换电路是将热敏电阻与另一个固定电阻串联测出热敏电阻两端的电压，但这种方法的缺点是：当温度达到下限量程时，输出电压并不为零，不利于放大信号，也不利于提高 A/D 转换的精度。因此，通常采用桥式测量电路，如图 8-16 所示。R_1、R_2 为固定电阻，R_{TB} 为热敏电阻，R_s 为负载电阻，输出电压随着热敏电阻阻值的变化而发生变化。

在桥路中由于 R_1 很大，使得输出量 U_{OUT} 的变化很小，当 R_{TB} 在温度为 0 ~ 100℃变化时，输出量 U_{OUT} 仅有十几毫伏，因此在输出端一般还需要接电压放大电路。

四、热敏电阻的应用

1. 水开告知器

水开告知器如图 8-17 所示。其中，图 8-17（a）所示为安装有水开告知器的水壶外形图，图 8-17（b）所示为工作原理图。温度传感器 R_T 为负温度系数热敏电阻，安装在水开告知器的水壶盖上。该水开告知器由 3 只晶体三极管（VT_1、VT_2、VT_3）组成，R_T 相当于 VT_1 的偏置电阻。VT_2、VT_3、R_2 和 C 组成音频振荡器，音频信号由喇叭输出。VT_1、R_1、R_W 及 R_T 组成开关电路，作为控制音频振荡器的开关。

（a）安装有水开告知器的水壶

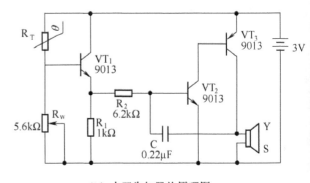

（b）水开告知器的原理图

图 8-17　水开告知器

当温度较低时，R_T 的阻值较高，VT_1 处于截止状态；随着温度的升高，R_T 的阻值降低；当温度升高到一定程度时，VT_1 的基极因电压升高而导通，音频振荡器通电工作，扬声器发声报警。

2. 电子体温计

图 8-18 所示为医用电子体温计。其中，图 8-18（a）所示为医务人员正在给患者测体温，图 8-18（b）所示为体温计的外形结构，图 8-18（c）所示为原理图。在图 8-18（c）中，负温度系数热敏电阻 R_T 和 R_1、R_2、R_3 及 RP_1 组成一个测温电桥。在温度为 +20℃时，选择 R_1 和 R_3 并调节 RP_1 使电桥平衡。当温度升高时，热敏电阻的阻值变小，电桥处于不平衡状态，电桥输出不平衡电压，由运算放大器放大后的不平衡电压信号引起接在运算放大器反馈电路中的微安表产生相应的偏转，从而起到测温的作用。

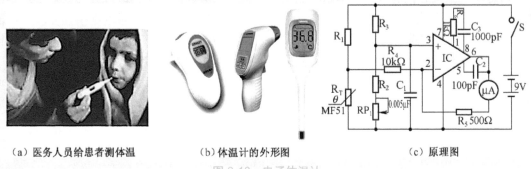

（a）医务人员给患者测体温　　　　（b）体温计的外形图　　　　　　　　（c）原理图

图 8-18　电子体温计

3. 彩色电视机消磁

彩色电视机中显示器的磁化现象是显示器故障中比较常见的，如显示器有一些区域出现"色斑"、局部图像发暗或者颜色变浅等。要消除这类故障，可在消磁电路中串联一个热敏电阻，图 8-19 所示的是彩色电视机的消磁电路。其中，图 8-19（a）所示为自动消磁电路，图 8-19（b）所示为消磁线圈，图 8-19（c）所示为热敏电阻，图 8-19（d）所示为消磁线圈在显像管上的安装位置（消磁线圈应安装在彩色显像管防爆带的周围），图 8-19（e）所示为消磁电阻的安装位置。

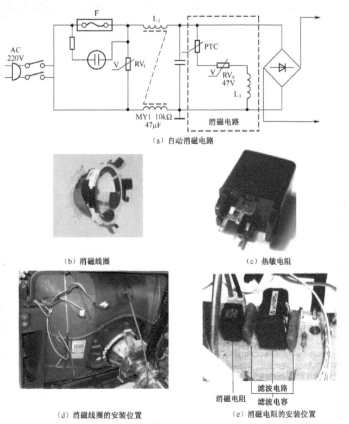

（a）自动消磁电路

（b）消磁线圈　　　　　　　　　　　（c）热敏电阻

（d）消磁线圈的安装位置　　　　　（e）消磁电阻的安装位置

图 8-19　彩色电视机的消磁电路

当彩色电视机开机通电后，消磁线圈通电工作，消磁线圈的工作电流较大，使得消磁电阻的温度升高，阻值急剧增加，致使流过消磁线圈的电流急剧减小，磁场则由强变弱，从而自动将彩色显像管阴罩、防爆带等铁制件上的剩磁消掉，保证了彩色显像管的色纯度，这样也使消磁线圈在工作时，会根据工作温度自动调整电流值，确保使用的安全。

任务五　温度传感器技能训练

一、简易热电偶的制作

1. 材料及仪器

（1）酒精灯 1 个。

（2）ϕ0.4mm、长约 250mm 的漆包铜线 1 根。

（3）ϕ0.4mm、长约 250mm 的康铜丝 1 根。

（4）数字万用表 1 台。

2. 制作步骤

（1）将漆包铜线和康铜丝距两端约 10mm 的部分用砂纸打磨光亮，除去漆包绝缘层和氧化层。

（2）将上述两段金属丝的一端互相绞紧连接，把多余端头剪去，如图 8-20 所示。

（3）将数字万用表拨至 DC 200mV 挡后，接入两金属丝的两端，读取此时的电压值。

（4）用酒精灯加热绞紧连接点（即热电偶的工作端），观察万用表中电压显示值的变化，如图 8-21 所示。

（5）将酒精灯逐渐远离绞紧连接点，观察并记录电压值。

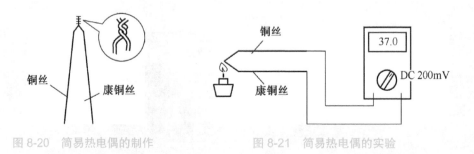

图 8-20　简易热电偶的制作　　　　　　　图 8-21　简易热电偶的实验

二、热电阻特性的测试

1. 材料及仪器

（1）万用表 1 台。

（2）电流表 1 个。

（4）盘好的金属丝 1 个。

（5）1 号电池 1 个。

（6）电池座 1 个。

（7）灯泡 1 个。

（8）酒精灯 1 个。

2. 测试步骤

（1）按图 8-22 所示连接电路。

（2）使用酒精灯加热金属丝，观察指示灯的亮度_____。这种现象说明金属丝被加热后，它的电阻值_____了，使得流过灯泡的电流_____了。

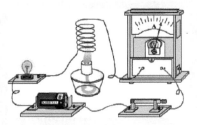

图 8-22　热电阻热特性的测试

三、热敏电阻特性的测试

1. 材料及仪器

（1）电子实训基本工具（尖嘴钳、螺丝刀等）1 套。

（2）万用表 1 台。

（3）温度计 1 支。

（4）NTC 热敏电阻（50kΩ）1 个。

（5）饮料吸管 1 个。

2. 测试步骤

（1）万用表使用 20kΩ（200kΩ）挡，在室温下测量热敏电阻的阻值并记录，如图 8-23 所示。

（2）将内置热敏电阻的吸管（封口端）放入口中舌下，1min 后观察所测定的阻值并记录数据。假设体温是 37℃。

（3）将内置热敏电阻的吸管封口端放入沸水（温度为 100℃）中，过 30s 左右观察所测定的阻值并记录数据，如图 8-24 所示。

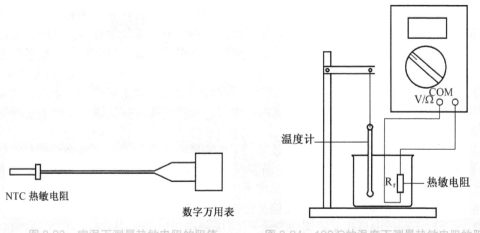

图 8-23　室温下测量热敏电阻的阻值　　　图 8-24　100℃的温度下测量热敏电阻的阻值

3. 数据整理

将3组数据（温度、阻值）填入表8-4中，并画出热敏电阻的电阻温度特性曲线，如图8-25所示。

表8-4　记录测定的数据

状态	温度 / ℃	电阻值 /
室温		
体温	37	
沸水	100	

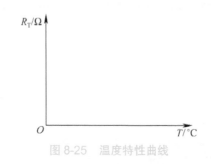

图 8-25　温度特性曲线

四、热电偶和热电阻安装事项的认知

对热电偶和热电阻的安装，应注意要有利于测温准确、安全可靠及维修方便，而且不影响设备运行和生产操作，安装时需注意的事项有以下几点。

（1）为了使热电偶和热电阻的测量端与被测介质之间有充分的热交换，应合理选择测点位置，尽量避免在阀门、弯头及管道和设备的死角附近装设热电偶或热电阻，安装时应放置在尽可能靠近所要测试的温度控制点，以防止热量沿热电偶或热电阻传走或防止保护管影响被测温度。

（2）热电偶和热电阻应尽量垂直装在水平或垂直管道上，以防止保护管在高温下产生变形。在被测介质有流速的情况下，应使其处于管道中心线上，而且与被测流体的方向相对。对于有弯道的管道应量安装在管道弯曲处。安装时应有保护套管，安装地点要选择在便于施工维护，而且不易受到外界损伤的位置。

（3）带有保护套管的热电偶和热电阻有传热和散热损失，为了减少测量误差，热电偶和热电阻应该有足够的插入深度，测量管道内温度时，元件长度应在管道中心线上（即保护管插入深度应为管径的一半）。

（4）对于高温高压和高速流体的温度测量（如测量蒸汽温度），为了减小保护套管对流体的阻力和防止保护套管在流体作用下发生断裂，可采取保护管浅插方式或采用热套式热电偶。

（5）热电偶的冷端应处在同一环境温度下，应使用同型号的补偿导线，且正负要接对。

（6）高温区使用耐高温电缆或耐高温补偿线。

（7）要根据不同的温度选择不同的测量元件。一般测量温度大于100℃时，应选择热电偶，小于100℃时应选择热电阻。

（8）当热电偶和热电阻安装在负压管道或容器上时，必须保证测量处具有良好的密封性，以防止外界冷空气进入，使读数降低。

（9）当热电偶和热电阻传感器安装在户外时，热电偶和热电阻传感器接线盒的盖子应尽量向上，入线口应向下，以避免雨水或灰尘进入接线盒，而损坏热电偶和热电阻传感器接线盒的接线影响其测量精度。

（10）热电偶装在具有固体颗粒和流速很高的介质中时，为了防止长期受冲刷而损坏，可在它的前面加装保护板。

（11）热电偶在管道上安装时，要在管道上加装插座，插座材料要与管道材料一致。

（12）当用热电偶和热电阻测量管道中的气体温度时，如果管壁温度明显地较高或较低，则热电偶和热电阻将对之辐射或吸收热量，从而显著改变被测温度。这时，可以用一辐射屏蔽罩来使其温度接近气体温度，采用所谓的屏罩式热电偶和热电阻。

项目评价

一、思考题

1. 填空题

（1）物质的_____随_____变化的现象称为热电效应，利用这一效应制作的传感器称为_____。

（2）热电偶是由_____制成的，主要是利用_____的_____，产生接触电动势随温度的变化而变化，从而达到测温的目的。

（3）热电偶由_____组成回路，组成热电偶的_____称为热电极，热电偶所产生的_____称为热电动势，热电偶能将温度信号转换为_____。

（4）热电偶测量温度的范围_____，而热电阻测量温度的范围_____。

（5）热电偶中的热电动势是由于相互接触的两个导体两端的_____造成的，大小仅与_____、_____有关。

（6）热电阻是基于电阻的_____效应进行温度测量的，热电阻大多由_____材料制成，随着温度的升高其阻值_____。

（7）热敏电阻由_____材料制成，有_____、_____和_____三种类型，对应的温度特性分别为_____、_____和_____。

（8）金属导体与半导体的显著差别在于金属的电阻率随着温度的升高而_____，而半导体的电阻率随着温度的升高而_____。

（9）随着温度的升高，电阻值减少的热电阻为_____电阻。

（10）NTC 表示_____，PTC 表示_____。

（11）利用导电材料的_____随本身温度而变化的温度电阻效应制作的传感器，称为热电阻传感器。

2. 选择题

（1）热电偶由（   ）金属材料制作而成，将温度转化为热电动势。

A．一种　　　　B．两种相同　　　C．两种不同

155

（2）温度传感器的测量是基于（　　　）。

A．热电效应　　　B．应变效应　　　C．温度效应　　　D．压电效应

（3）热电偶直接输出的是（　　　），所以直接接（　　　）即可。

A．电阻值　　　　B．电压值　　　　C．桥式电路　　　D．放大电路

（4）（　　　）的数值越大，热电偶的输出电动势就越大。

A．热端的温度　　　　　　　　B．冷端的温度

C．热端和冷端的温差　　　　　D．热电极的电导率

（5）两种不同导体接点处产生的热电动势数值的大小取决于两种导体的（　　　）和
（　　　）。

A．自由电子的密度　　　　　　B．接触的温度

C．导体的形状　　　　　　　　D．导体的尺寸

（6）热电阻能将温度转换为（　　　）。

A．电阻　　　　　B．热电动势

（7）热敏电阻是利用（　　　）材料的电阻率随温度的变化而变化的性质制成的。

A．金属　　　　　B．半导体　　　　C．绝缘体

（8）负温度系数热敏电阻的阻值随着温度的升高而（　　　）。

A．增大　　　　　B．减小

（9）随着温度的升高，半导体热敏电阻的电阻率（　　　）。

A．上升　　　　　B．迅速下降　　　C．保持不变　　　D．归零

（10）热电偶可以测量（　　　）。

A．压力　　　　　B．温度　　　　　C．热电动势　　　D．电压

（11）热敏电阻的测温是根据它的（　　　）。

A．伏安特性　　　B．热电特性　　　C．标称电阻值　　D．额定功率

3．问答题

（1）什么是热电效应？

（2）比较热电偶与热电阻及热敏电阻的异同点。

（3）简述导体的温度特性。

二、技能训练

1．分析如图 8-26 所示的热敏电阻测量温度的工作原理。

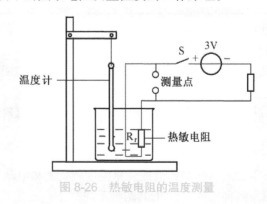

图 8-26　热敏电阻的温度测量

2. 根据如图 8-27 所示的电路, 说明其工作原理。

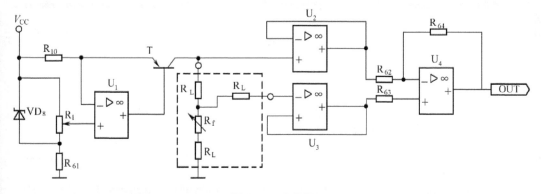

图 8-27　电路图

三、项目评价评分表

1. 个人知识和技能评价表

班级: _____　　姓名: _____　　成绩: _____

评价方面	评价内容及要求	分值	自我评价	小组评价	教师评价	得分
实操技能	① 能检测温度传感器质量	10				
	② 能检测温度传感器性能	10				
	③ 会制作简易热电偶	10				
	④ 了解温度传感器选用原则	10				
理论知识	① 了解温度传感器的应用场合	15				
	② 理解温度传感器应用中的工作过程	10				
	③ 了解温度传感器的工作原理	15				
	④ 了解温度测量电路的工作原理	10				
安全文明生产和职业素质培养	① 态度认真, 按时出勤, 不迟到早退, 按时按要求完成实训任务	2				
	② 具有安全文明生产意识, 安全用电, 操作规范	2				
	③ 爱护工具设备, 工具摆放整齐	2				
	④ 操作工位卫生良好, 保护环境	2				
	⑤ 节约能源, 节省原材料	2				

2. 小组学习活动评价表

班级：＿＿＿＿＿＿＿＿　　小组编号：＿＿＿＿＿＿＿＿　　成绩：＿＿＿＿＿＿＿＿

评价项目	评价内容及评价分值			小组内自评	小组互评	教师评分	得分
分工合作	优秀（16～20分）	良好（12～16分）	继续努力（12分以下）				
	小组人员分工明确，任务分配合理，有小组分工职责明细表，能很好地团队协作	小组人员分工较明确，任务分配较合理，有小组分工职责明细表，合作较好	小组人员分工不明确，任务分配不合理，无小组分工职责明细表，人员各自为阵				
获取与项目有关的信息	优秀（16～20分）	良好（12～16分）	继续努力（12分以下）				
	能使用适当的搜索引擎从网络等多种渠道获取信息，并合理地选择、使用信息	能从网络获取信息，并较合理地选择、使用信息	能从网络或其他渠道获取信息，但信息选择不正确，使用不恰当				
实操技能	优秀（24～30分）	良好（18～24分）	继续努力（18分以下）				
	能按技能目标要求规范完成每项任务	能按技能目标要求规范较好地完成每项任务	只能按技能目标要求完成部分任务				
基本知识分析讨论	优秀（24～30分）	良好（18～24分）	继续努力（18分以下）				
	讨论热烈、各抒己见，概念准确、原理思路清晰、理解透彻，逻辑性强，并有自己的见解	讨论没有间断、各抒己见，分析有理有据，思路基本清晰	讨论能够展开，分析有间断，思路不清晰，理解不透彻				
总分							

>>>> 项目小结 <<<<

❶ 温度是与人们生活环境有密切关系的物理量，也是人们在科学试验和生产活动中需要控制的重要物理量，因此，在各种传感器中，温度传感器是应用最广泛的一种。温度传感器是利用一些金属、半导体等材料与温度有关的特性而制成的。

温度传感器分为热电偶、热电阻和热敏电阻。热电偶是一种感温元件，两种不同成分的金属(称为热电偶丝材或热电极)两端接合成回路，当接合点的温度不同时，在回路中就会产生热电动势，这种现象称为热电效应。

热电阻和热敏电阻的电阻都具有随温度的变化而变化的特性，从而利用此特性测量温度。热电阻利用金属的电阻率随温度的变化而变化的特性；热敏电阻利用半导体电阻值随温度变化的特性，热敏电阻又可分为正温度系数热敏电阻（PTC）、负温度系数热敏电阻（NTC）和临界温度系数热敏电阻（CTR）等几种。

温度传感器被广泛应用于家电产品中的豆浆机、热水器等，还用来做气体成分分析、测试流量、测定水温等，也被广泛用于工厂炉温控制。

② 将漆包铜线和康铜丝两段金属丝的一端互相绞紧相接，可以制作成简易热电偶；利用万用表可以检测热电阻和热敏电阻的性能。在安装热电偶和热电阻时，由于热电偶和热电阻测量温度的范围不同，应合理选择测点位置，安装位置、管道插入深度，并根据测试现场情况决定安装方式。

项目九

湿度传感器的认知

项目情境

由于卷烟产品的特殊性，存储卷烟的仓库环境非常重要，环境的好坏将严重影响卷烟的质量，因此要做好卷烟防湿、防潮、防霉变等各项工作。要确保卷烟的质量就需要有仓库湿度智能数据采集系统，如图9-1所示。在系统中，湿度传感器负责检测仓库各区域的湿度，如实采集和记录各区域湿度，并将所有采集到的数据送到主机计算机中，并按照使用人员的要求定时自动记录并长期保存。

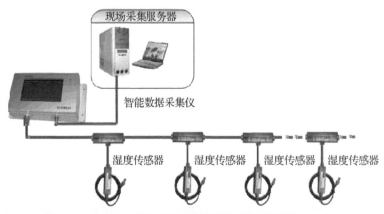

图9-1 卷烟仓库湿度智能数据采集系统

项目学习目标

	学 习 目 标	学 习 方 式	学 时
技能目标	① 掌握湿度传感器性能检测方法； ② 了解湿度传感器选用原则，学会选用湿度传感器； ③ 了解湿度传感器安装方式及注意事项	学生实际操作和领悟，教师指导演示	2
知识目标	① 掌握湿度传感器的应用场合和应用方法，理解它们的工作过程； ② 掌握湿度传感器的工作原理； ③ 掌握湿度传感器测量电路的工作原理	教师讲授、自主探究	2

续表

学 习 目 标	学 习 方 式	学 时
情感目标 ① 培养观察与思考相结合的能力； ② 培养学会使用信息资源和信息技术手段去获取知识的能力； ③ 培养学生分析问题、解决问题的能力； ④ 培养高度的责任心、精益求精的工作热情，一丝不苟的工作作风； ⑤ 激励学生对自我价值的认同感，培养遇到困难决不放弃的韧性； ⑥ 激发学生对湿度传感器学习的兴趣，培养信息素养； ⑦ 树立团队意识和协作精神	学生网络查询、小组讨论、相互协作	

项目任务分析

本项目主要学习湿度传感器，随着科研、农业、暖通、纺织、航空航天、电力等领域的发展，对产品质量的要求越来越高，越来越需要通过采用湿度传感器对环境湿度进行控制以及对工业材料水分值的监测和分析。通过本项目的技能训练及理论学习，要求掌握湿度传感器的应用场合和应用方法，了解它们的工作过程；掌握湿度传感器性能检测方法，了解湿度传感器选用原则；了解湿度传感器安装方式及注意事项；掌握湿度传感器的工作原理，了解其结构及分类，能分析湿度传感器应用电路。

任务一 了解湿度传感器的组成

湿度是指大气中水蒸气的含量，通常采用绝对湿度和相对湿度两种方法表示。绝对湿度是指单位空间中所含水蒸气的绝对量或者浓度、密度；相对湿度是指被测气体中水蒸气气压和该气体在相同温度下饱和水蒸气气压的百分比。相对湿度给出大气的潮湿程度，是一个无量纲的量，在实际应用中多使用相对湿度这一概念。湿度传感器是基于能产生与湿度有关的物理效应或化学反应的某些材料对湿度非常敏感，能将空气中湿度的变化转换成某种电量的变化的原理进行测量的。湿度传感器的组成如图 9-2 所示。

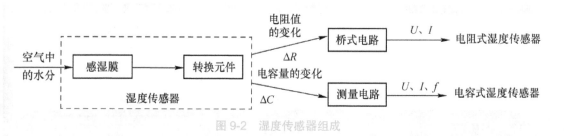

图 9-2 湿度传感器组成

任务二 认知湿度传感器的结构及工作原理

一、湿度传感器的结构

湿度传感器的种类很多，在实际应用中主要有电阻式和电容式两大类。图 9-3 所示为湿度传感器的结构。

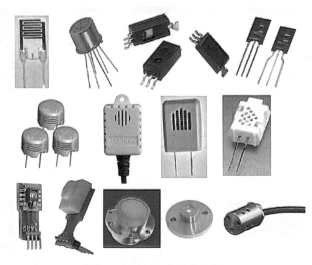

图 9-3 湿度传感器的结构

根据湿敏材料对水的亲和力的不同，湿度传感器可分为亲水型湿度传感器和非亲水力型湿度传感器。湿敏材料吸附（物理吸附和化学吸附）水分子后，使其电气性能（电阻、电介常数、阻抗等）发生变化的属于亲水型湿度传感器；非亲水型湿度传感器主要基于物理效应，有热敏电阻式湿度传感器、红外吸收式湿度传感器、超声波式湿度传感器、微波式湿度传感器。目前，比较常用的湿度传感器是亲水型湿度传感器，亲水型湿度传感器分为电阻式湿度传感器、电容式湿度传感器两种。下面比较这两种湿度传感器的主要性能，如表 9-1 所示。

表 4–2 自感式电感传感器的性能比较

	电阻式湿度传感器	电容式湿度传感器
结构	感湿膜　柱状　电极　梳状　引线	高分子薄膜　上部电极　下部电极　玻璃基片
工作机理	湿度引起电阻值的变化	湿度引起电容量的变化

续表

	电阻式湿度传感器	电容式湿度传感器
类型	金属氧化物湿敏电阻、硅湿敏电阻和陶瓷湿敏电阻等	电容式湿度传感器一般是用高分子薄膜电容制成的，常用的高分子材料有聚苯乙烯、聚酰亚胺、酷酸醋酸纤维等
性能特点	响应速度快、体积小，线性度好，较稳定，灵敏度高，产品的互换性差	响应速度快，湿度的滞后量小，产品互换性好，灵敏度高，便于制造，容易实现小型化和集成化，精度较电阻式湿度传感器低
使用场合	用于洗衣机、空调、录像机、微波炉等家用电器及工业、农业等方面作湿度检测、湿度控制用	用于气象、航天航空、国防工程、电子、纺织、烟草、粮食、医疗卫生以及生物工程等各个领域的湿度测量和控制

二、湿度传感器的工作原理

1. 电阻式湿度传感器

电阻式湿度传感器（又称为湿敏电阻）的工作原理，如图 9-4 所示。在基片上覆盖一层感湿材料制成感湿膜，当空气中的水蒸气吸附在感湿膜上时，基片的电阻率和电阻值都发生变化，电阻式湿度传感器利用这种特性测量湿度。

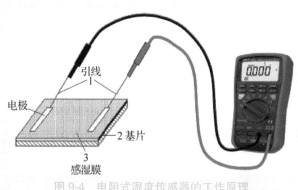

电极　引线　1　2基片　3感湿膜

图 9-4　电阻式湿度传感器的工作原理

2. 电容式湿度传感器（又称为湿敏电容）

在电容平行板上、下电极中间加一层感湿膜，便构成了电容式湿度传感器，电极材料采用铝、金、铬等金属，而感湿膜可用半导体氧化物或者高分子材料等制成。

图 9-5 所示的是由高分子材料制成感湿膜的电容式湿度传感器。在单晶硅的上面覆盖一层 SiO_2 绝缘膜，单晶硅的下面镀一层铝，成为电容的一个电极；绝缘膜的上面分别覆盖一层高分子感湿膜和多孔金材料，多孔金材料和镀在它上部的铝材料构成电容的另外一个电极。空气中的水分子透过多孔金电极被感湿膜吸附，使得两电极间的介电常数发生变化，其电容量也发生变化，环境湿度越大，感湿膜吸附的水分子就越多，使湿度传感器的电容量增加得

越多，根据电容量的变化就可测得空气的相对湿度。

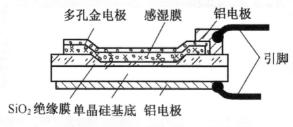

多孔金电极　感湿膜　铝电极

引脚

SiO_2绝缘膜　单晶硅基底　铝电极

图 9-5　湿敏电容传感器的工作原理

任务三　了解湿度传感器的测量电路

一、电阻式湿度传感器的测量电路

电阻式湿度传感器中使用最多的是氯化锂（LiCl）湿度传感器。需要注意的是，氯化锂湿度传感器在实际应用中一定要使用交流电桥测量其阻值，不允许用直流电源，以防氯化锂溶液发生电解，导致传感器性能劣化甚至失效。

电阻式湿度传感器电路原理框图如图 9-6 所示。振荡器为电路提供交流电源。电桥的一臂为湿度传感器，当湿度不变化时，电桥输出电压为零，一旦湿度发生变化，将引起湿度传感器的电阻值变化，使电桥失去平衡，输出端有电压信号输出。放大器将输出电压信号放大后，通过桥式整流电路将交流电压转换为直流电压，送至直流电压表显示，电压的大小直接反应出湿度的变化量。

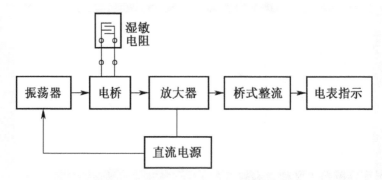

图 9-6　电阻式湿度传感器的测量电路框图

二、电容式湿度传感器的测量电路

由于电容式湿度传感器的湿度与电容成线性关系，因此它能方便地将湿度的变化转换为电压、电流或频率信号输出。

将湿敏电容作为振荡器中的振荡电容，湿度的变化使得振荡器的频率发生变化，通过测量振荡器的频率和幅度，使之换算成湿度值，如图 9-7 所示。

图 7-8　线性型霍尔集成电路

任务四　湿度传感器的应用

湿度传感器被广泛应用于气象、军事、工业（特别是纺织、电子、食品、烟草工业）、农业、医疗、建筑、家用电器及日常生活等需要湿度监测、控制与报警的各种场合。

一、汽车后窗玻璃的自动除湿装置

遇到天气冷时，汽车后窗玻璃极有可能结露或结霜，为保证驾驶员在驾驶过程中视线清晰，避免事故发生，汽车大多安装了自动除湿装置，如图9-8所示。在图9-8（a）中，RL为嵌入挡风玻璃中的加热电阻丝，R_H为设置在后窗玻璃上的湿度传感器。当车内外温差比较大，后窗玻璃上雾气很浓时，湿度传感器感应到此时湿度的变化，启动加热电阻丝，由加热电阻丝发热并蒸发掉凝结在玻璃上影响视线的水珠。

图9-8（b）所示的为汽车后窗玻璃自动除湿装置的电路原理图：由VT_1和VT_2组成施密特触发电路，VT_1的基极接有R_1、R_2和湿度传感器R_H组成的偏置电路。在常温常湿条件下，R_H值较大，VT_1处于导通状态，VT_2处于截止状态，继电器K不工作，加热电阻R_L上无电流通过；当汽车内外温差较大，且湿度过大时，湿度传感器R_H的阻值将减小，VT_1处于截止状态，VT_2翻转为导通状态，继电器K工作，常开触点K_1闭合，指示灯L_H点亮，加热电阻R_L开始加热，后窗玻璃上的潮气就被驱散；当湿度减小到一定的程度时，VT_1和VT_2恢复初始状态，指示灯熄灭，加热电阻丝断电，停止加热，从而实现了自动除湿的目的。

（a）汽车后窗湿度传感器的安装示意图

图 9-8　汽车后窗玻璃的自动除湿装置

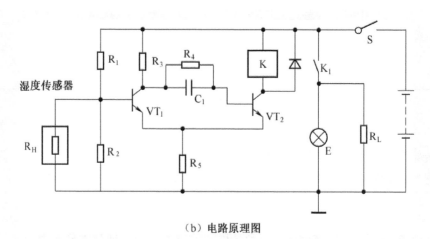

（b）电路原理图

图 9-8　汽车后窗玻璃的自动除湿装置（续）

二、土壤湿度传感器

土壤湿度是决定庄稼生长和产量的重要因素之一，对研究酸化和污染的环境也起着重要的作用。土壤湿度传感器如图 9-9 所示。传感器带有插头和一根 5m 长的电缆，可以与土壤湿度表连接，如图 9-9（a）所示，土壤湿度表可以直接在现场读取体积土壤湿度，如图 9-9（b）所示；如果要多次测量，则可通过线缆连接数据记录器，如图 9-9（c）所示。数据记录器有几个接口，就可以连接几个传感器。

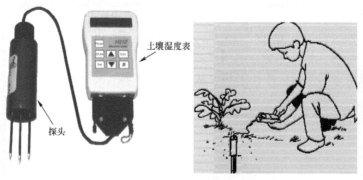

（a）连接土壤湿度表　　　　　　　　　（b）使用土壤湿度表对传感器读数

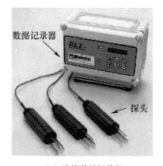

（c）连接数据记录器

图 9-9　土壤湿度传感器

土壤湿度传感器属电容式湿度传感器，通过测量土壤介电常数的变化来测量土壤的湿度体积百分比。这些变化转化为与土壤湿度成比例的电压信号。

三、氧化铝湿度计

氧化铝是一种白色晶体，不溶于水，但对水分子的吸附力极强。可利用氧化铝对水分子吸附力极强的特点制成湿度传感器，它能够测出超微量的水分，可应用于纺织工业、电子工业、石化工业等各个领域。

氧化铝湿度计如图 9-10 所示。其中，图 9-10（a）所示为实物图，图 9-10（b）所示为传感器探头的剖面图，图 9-10（c）所示为氧化铝湿度计探头的内部结构示意图及等效电路图，R_1 为孔内表面电阻，R_2 为孔底电阻，R_3 为氧化铝内电阻，C_1 为氧化层电容，C_2 为孔底电容。湿度传感器由特殊工艺阳极氧化处理铝带组成，上面附着多孔的氧化铝层，再在氧化铝层上面蒸发上一层非常薄的金。铝基和金层构成了两极，实际上形成了氧化铝电容器，如图 9-10（d）所示。

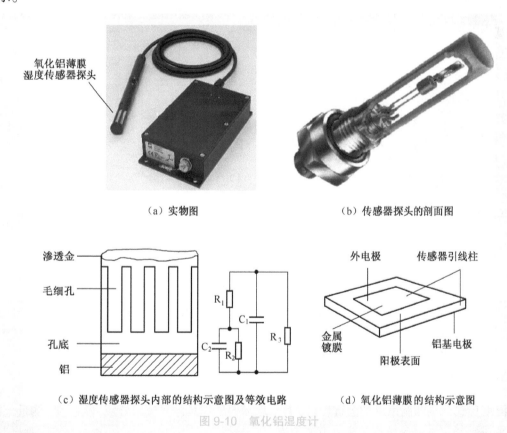

（a）实物图　　　　　　　　　　（b）传感器探头的剖面图

（c）湿度传感器探头内部的结构示意图及等效电路　　　（d）氧化铝薄膜的结构示意图

图 9-10　氧化铝湿度计

在工作时，被测气体中的水分子可以迅速穿过金层，被氧化铝的细孔壁吸附或释放，并与周围的水气压很快达到平衡状态。由于水的介电常数大，细孔壁吸附水分子后使得等效电容变大，即电容量随湿度变化，湿度越大电容量也越大，反之则变小，变化的幅度用以表示周围气体的相对湿度。

任务五　湿度传感器技能训练

一、湿度传感器特性的检测

1. 材料及仪器

（1）电桥模块 1 个。

（2）测试电路套件 1 套。

（3）湿敏电阻 1 只。

（4）数字万用表 1 台。

（5）直流稳压电源 1 台。

2. 检测步骤

湿敏电阻的特性检测图如图 9-11 所示。

（1）湿敏电阻的实物图如图 9-11（a）所示，观察湿敏电阻的结构，它是在一块特殊的绝缘基底上溅射了一层高分子薄膜而形成的。

（2）按图 9-11（b）所示的电路进行接线。

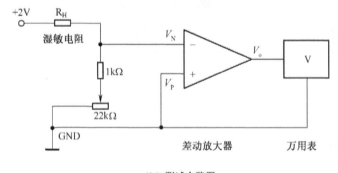

（a）湿敏电阻　　　　　　　　　　　　　　　（b）测试电路图

图 9-11　湿敏电阻的特性检测图

（3）分别取潮湿度不同的两块海绵或其他易吸潮的材料，分别轻轻地与传感器接触。

（4）观察并记录万用表读数的变化。

注意：实验时所取的材料不要太湿，否则会产生湿度饱和现象，延长脱湿时间。

二、湿度传感器选用原则的认知

湿度传感器是控制系统的关键器件，其选取需要根据具体的应用领域，从精度、测量范围、响应速度、稳定性以及体积大小等方面考虑。

1. 精度和长期稳定性

湿度传感器的精度应达到 ±2% ~ ±5%RH，达不到这个水平很难作为计量器具使用。湿度传感器要达到 ±2% ~ ±3%RH 的精度是比较困难的，通常产品资料中给出的特性是在常温(20℃±10℃)和洁净的气体中测量的。在实际使用中，由于尘土、油污及有害气体的影响，使用时间一长，会产生老化，精度下降，因此，湿度传感器的精度水平要与长期稳定性综合起来考虑，一般说来，长期稳定性和使用寿命是影响湿度传感器质量的头等问题，年漂移量控制在 1%RH 水平的产品很少，一般都在 ±2% 左右，甚至更高。

2. 温度范围及补偿方式

湿敏元件除对环境湿度敏感外，对温度亦非常敏感，湿度传感器工作的温度范围是重要参数。多数湿敏元件难以在 40℃ 以上正常工作。由于存在非线性温漂，为保证在全温度范围内的精度，需要采用硬件进行跟随性补偿，采用单片机软件补偿，或无温度补偿的湿度传感器无法保证全温范围内的精度。

3. 供电方式

有的湿度传感器对供电电源要求比较高，否则将影响测量精度或者造成传感器之间相互干扰，甚至无法工作。使用时应按要求提供合适的、符合精度要求的供电电源。金属氧化物陶瓷、高分子聚合物和氯化锂等湿敏材料施加直流电压时，会导致性能变化，甚至失效，所以这类湿度传感器不能用直流电压或有直流成分的交流电压，必须是交流电供电。

4. 互换性

目前，湿度传感器普遍存在着互换性差的现象，同一型号的传感器不能互换，严重影响了使用效果，给维修、调试增加了困难，在选用时应尽量选择相同厂家、相同型号、互换性好的厂家的产品。

5. 湿度标定

由于湿敏元件都存在一定的分散性，无论进口或国产的传感器都需逐个调试标定。所以大多数在更换湿敏元件后需要重新调试标定，对于测量精度比较高的湿度传感器尤其重要。

6. 应用场合

湿度传感器是非密封性的，为保护测量的准确度和稳定性，应尽量避免在酸性、碱性及含有机溶剂的空气中使用，也应避免在粉尘较大的环境中使用。

7. 信号质量

传感器需要进行远距离信号传输时，要注意信号的衰减问题。当传输距离超过 200m 以上时，建议选用频率输出信号的湿度传感器。

三、湿度传感器安装方式的认知

湿度传感器安装方式有壁挂式、风道式以及三通式管道等，如图 9-12 所示。

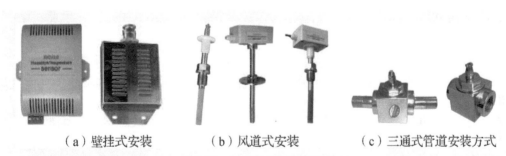

（a）壁挂式安装　　　（b）风道式安装　　　（c）三通式管道安装方式

图 9-12　湿度传感器安装方式

湿度传感器的安装除了要符合设计所规定的要求之外，还应达到以下要求。

（1）为正确反映欲测空间的湿度，应将湿度传感器安装在最能代表湿度的位置，不要安装在受热辐射影响的位置，如阳光直射、水喉、冰箱、炉子附近，应远离墙面出风口，如无法避免，则间距不应小于2m。

（2）不要安装在环境潮湿的地方。

（3）避免将传感器安放在离墙壁太近或空气不流通的死角处。如果被测的房间太大，就应放置多个传感器。

（4）应远离有高振动或强磁场干扰的区域。

项目评价

一、思考题

1. 填空题

（1）湿度传感器是基于某些材料_____，将湿度的变化转换成_____的器件。

（2）湿度传感器的种类很多，在实际应用中主要有_____和_____两大类。在湿度传感器的基片上覆盖一层_____，当空气中的水蒸气吸附在感湿膜上时，基片的_____和_____发生变化，利用这一特性即可测量湿度。

（3）湿敏电阻是一种_____随环境_____的变化的_____，它由_____、电极和_____组成。

（4）湿敏电阻传感器的感湿层在吸收了_____之后，引起两个电极之间的_____发生变化，这样就能直接将_____转换为_____的变化。

（5）当空气湿度发生改变时，电容式湿度传感器的两个电极间的_____发生变化，使得它的_____也发生变化，_____与相对湿度成正比。

（6）湿度传感器工作电源需要采用_____电源，其原因是_____。

2. 选择题

（1）湿敏电阻用交流电作为激励电源是为了（　　　）。

A. 提高灵敏度

B. 防止产生极化及电解作用

C. 减小交流电桥平衡的难度

（2）当空气湿度发生改变时，电容式湿度传感器两个电极间的（　　　）发生变化，使其（　　　）也发生变化。

A. 介电常数　　　　B. 电容量　　　　C. 电阻值

（3）洗手后，将湿手靠近自动干手机，机内的传感器便驱动电热器加热，有热空气从机内喷出，将湿手烘干，手靠近自动干手机能使传感器工作，是因为（　　　）。

A. 改变了湿度　　　B. 改变了温度　　　C. 改变了磁场　　　D. 改变了电容

（4）相对湿度测量空气中的（　　　）。

A. 水蒸气的含量　　　B. 气体成分

（5）电容式湿度传感器只能测量（　　　）湿度。

A. 相对　　　　　　B. 绝对　　　　　　C. 任意　　　　　　D. 水分

3. 问答题
（1）湿敏电阻的基本工作原理是什么？
（2）湿敏电容的基本工作原理是什么？
（3）分析电阻式湿度传感器与电容式湿度传感器各自的优缺点及其适用范围。

二、技能训练

举例说明湿度传感器在生活中的实际应用，试分析它们的工作过程。

三、项目评价评分表

1. 个人知识和技能评价表

班级：_____　姓名：_____　成绩：_____

评价方面	评价内容及要求	分值	自我评价	小组评价	教师评价	得分
实操技能	① 能检测湿度传感器特性	10				
	② 会选用湿度传感器	15				
	③ 了解湿度传感器安装方式及注意事项	15				
理论知识	① 了解湿度传感器的应用场合	15				
	② 理解湿度传感器应用中的工作过程	10				
	③ 了解湿度传感器的工作原理	15				
	④ 了解湿度测量电路的工作原理	10				
职业意识	① 态度认真，按时出勤	2				
	② 具有安全文明生产意识，操作规范	2				
	③ 爱护工具设备，工具摆放整齐	2				
	④ 操作工位卫生良好	2				
	⑤ 节约能源，节省原材料，保护环境	2				

2. 小组学习活动评价表

班级：_____　小组编号：_____　成绩：_____

评价项目	评价内容及评价分值			小组内自评	小组互评	教师评分	得分
分工合作	优秀（16～20分）	良好（12～16分）	继续努力（12分以下）				
	小组人员分工明确，任务分配合理，有小组分工职责明细表，能很好地团队协作	小组人员分工较明确，任务分配较合理，有小组分工职责明细表，合作较好	小组人员分工不明确，任务分配不合理，无小组分工职责明细表，人员各自为阵				
获取与项目有关的信息	优秀（16～20分）	良好（12～16分）	继续努力（12分以下）				
	能使用适当的搜索引擎从网络等多种渠道获取信息，并合理地选择、使用信息	能从网络获取信息，并较合理地选择、使用信息	能从网络或其他渠道获取信息，但信息选择不正确，使用不恰当				

续表

评价项目	评价内容及评价分值			小组内自评	小组互评	教师评分	得分
实操技能	优秀（24～30分）	良好（18～24分）	继续努力（18分以下）				
	能按技能目标要求规范完成每项任务	能按技能目标要求规范较好地完成每项任务	只能按技能目标要求完成部分任务				
基本知识分析讨论	优秀（24～30分）	良好（18～24分）	继续努力（18分以下）				
	讨论热烈、各抒己见，概念准确、原理思路清晰、理解透彻，逻辑性强，并有自己的见解	讨论没有间断、各抒己见，分析有理有据，思路基本清晰	讨论能够展开，分析有间断，思路不清晰，理解不透彻				
总分							

>>>> 项目小结 <<<<

❶ 霍湿度是指大气中水蒸气的含量，通常用绝对湿度和相对湿度表示。湿度传感器的种类很多，在实际应用中主要有电阻式和电容式两大类。电阻式湿度传感器将空气湿度的变化转换为电阻的变化，电容式湿度传感器将空气湿度的变化转换为电容的变化 [0]。

电阻式湿度传感器中使用最多的是氯化锂湿度传感器。需要注意的是，电阻式湿度传感器在实际应用中一定要使用交流电源，不允许用直流电源，以防止氯化锂溶液发生电解，导致传感器性能劣化甚至失效。

在电容平行板上、下电极中间加一层感湿膜便构成了电容式湿度传感器，电容式湿度传感器的湿度与电容成线性关系，可以将湿度的变化转换为电压、电流或频率的形式。

❷ 通过搭接简单电路，就可以利用万用表检测湿度传感器的特性；选用湿度传感器时，需要根据具体的应用领域，从精度、稳定性、温度范围、供电方式、互换性以及信号衰减等方面考虑；安装时要考虑安装位置，不要安装在潮湿的环境下，应远离有高振动或强磁场干扰的区域。

光电传感器的认知

项目情境

在自动化生产过程中，通常采用光电计数器对流水线上的加工件进行自动计数，以便统计产量，为企业管理提供数据。光电计数器有直射式和反射式两种，图 10-1 所示采用的是直射式光电计数器，其中，图 10-1（a）所示为生产流水线技术现场照片，图 10-1（b）所示为直射式光电计数器实物照片。直射式的发射探头和接收探头分别置于流水线的两侧，当流水线上无加工件时，中间没有遮挡，接收探头可以收到来自发射探头发来的光信号，经反相处理使之没有信号输出；当有工件经过时则挡住光路，接收器失去光信号，输出一个脉冲信号到运算累加器进行计数。

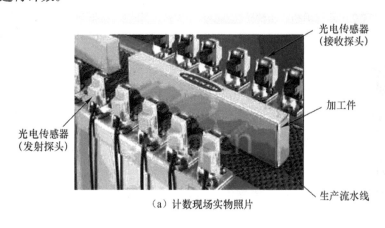

（a）计数现场实物照片

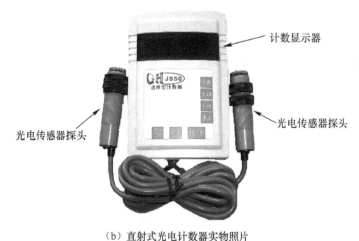

（b）直射式光电计数器实物照片

图 10-1　光电计数器

项目学习目标

	学 习 目 标	学 习 方 式	学 时
技能目标	① 掌握光电传感器性能检测方法； ② 了解各种接近开关选用原则，会根据实际要求选用接近开关	学生实际操作和领悟，教师指导演示	2
知识目标	① 掌握光电传感器的应用场合和应用方法，理解它们的工作过程； ② 掌握光电传感器的工作原理	教师讲授、自主探究	6
情感目标	① 培养观察与思考相结合的能力； ② 培养学会使用信息资源和信息技术手段去获取知识的能力； ③ 培养学生分析问题、解决问题的能力； ④ 培养高度的责任心、精益求精的工作热情，一丝不苟的工作作风； ⑤ 激励学生对自我价值的认同感，培养遇到困难决不放弃的韧性； ⑥ 激发学生对光电传感器学习的兴趣，培养信息素养； ⑦ 树立团队意识和协作精神	学生网络查询、小组讨论、相互协作	

项目任务分析

本项目主要学习光电传感器，光电传感器是一种基于光电效应的传感器，它可用于检测直接引起光量变化的非电量，如光强、光照度、辐射测温、气体成分分析等；还能利用光线的透射、遮挡、反射、干涉等检测能转换成光量变化的其他非电量，因而是一种应用极广泛的重要敏感器件。通过本项目的技能训练及理论学习，要求掌握光电传感器的应用场合和应用方法，理解它们的工作过程；掌握光电传感器性能检测方法，了解接近开关选用原则；掌握光电传感器的工作原理，了解其结构及分类。

任务一 了解光电传感器的组成

光电传感器是一种将光信号转换为电信号的传感器，它可以检测到光信号的变化，然后借助光敏元件将光信号的变化转换成电信号的变化，进而输出到处理器中进行处理。光电传感器的组成如图 10-2 所示。

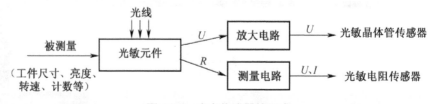

图 10-2 光电传感器的组成

下面通过图 10-3 所示的光敏三极管来了解光电传感器的组成，其管芯由半导体材料制成，它常作为光电传感器的敏感元件兼转换元件。

光敏元件又称为光电元件，是构成光电传感器的主要部件，其工作基础是光电效应。光电效应是在光线的作用下，物体吸收光能量而产生相应电信号的一种物理现象，通常分为外光电效应、内光电效应和光生伏特效应 3 种类型。

在光线的作用下，电子逸出物体表面的现象称为外光电效应，基于外光电效应的光电元件有光电管和光电倍增管；在光线的作用下，物体的导电性能发生改变的现象称为内光电效应，基于内光电效应的光电元件有光敏电阻和光敏晶体管等；在光线的作用下，物体产生一定方向电动势的现象称为光生伏特效应，基于光生伏特效应的光电元件有光电池等。

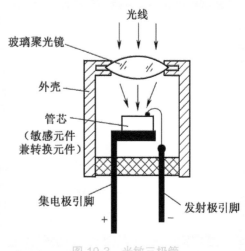

图 10-3　光敏三极管

任务二　认知光敏电阻传感器

光敏电阻传感器（简称光敏电阻），是利用半导体的内光电效应制成的电阻值随入射光强弱的变化而变化的一种传感器。在入射光照射光敏电阻时，光敏电阻的电阻值发生变化，入射光越强，电阻值越小；入射光越弱，电阻值越大。在黑暗的条件下，它的阻值（暗阻）可达 1 ~ 10MΩ；在强光的条件下，它的阻值（亮阻）仅有几百至数千欧姆。光敏电阻对光的敏感性与人眼对可见光的响应很接近，只要人眼可感受的光变化，就会引起阻值的改变。因此，光敏电阻一般用于光的测量、控制和光电转换。

一、光敏电阻的结构

光敏材料主要是金属硫化物、金属硒化物和金属碲化物等半导体。在半导体光敏材料的两端安装上金属电极和引线，并将其封装在具有透明窗的密封壳体内，这就构成了光敏电阻，它的结构及电路符号如图 10-4 所示。光敏电阻通常都制成薄片结构以便吸收更多的光能。为了增加灵敏度，光敏电阻的两个电极常做成梳状。

二、光敏电阻的工作原理

光敏电阻的工作原理基于内光电效应，如图 10-5 所示。在黑暗的环境里，光敏电阻的阻值（暗电阻）很大，电路中的电流（暗电流）很小。当光敏电阻受到一定波长范围的光的照射时，它的阻值（亮电阻）急剧减少，电路中的电流迅速增大。它的电阻值很高，光照越强，阻值越低。入射光消失后，光敏电阻的阻值恢复原值。在图 10-5 中给光敏电阻两端的金属电极加上了电压，其中便有电流通过，电流就会随光的增强而变大，随着光的减弱而减小，从而实现了光—电转换。

光敏电阻没有极性，纯粹是一个电阻器件，使用时既可加直流电压，也可以加交流电压。光敏电阻实际的暗电阻值一般在兆欧级，亮电阻在几千欧以下。

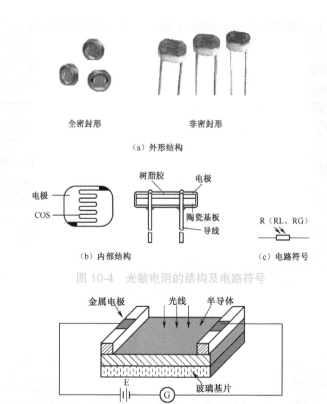

(a) 外形结构

(b) 内部结构　　　　　　　　　　(c) 电路符号

图 10-4　光敏电阻的结构及电路符号

图 10-5　光敏电阻的工作原理

三、光敏电阻的特性参数

光敏电阻的特性参数如表 10-1 所示。

表 10-1　光敏电阻的特性参数

参数	定　义	特征	备　注
暗电阻	置于室温、全暗条件下测得的稳定电阻值	>1MΩ	温度上升，暗电阻减小，灵敏度下降
暗电流	施加额定电压，置于室温、全暗条件下测得的稳定电流值	<5μA	温度上升，暗电流增大
光电特性	施加额定电压，置于室温时测得的电阻值与光照度的关系	非线性	当光照 E 大于 100lx 时，光敏电阻的非线性就十分严重
响应时间	停止光照后，光电流恢复到暗电流值的时间（下降时间）	$10^{-2} \sim 10^{-3}$s	也可以改为测量上升时间

注：lx（勒克斯）是光照度的单位，150lx 是教育部门要求所有学校课堂桌面所必须达到的标准照度。

四、光敏电阻的应用电路

光敏电阻基本应用电路如图 10-6 所示。在图 10-6（a）中，当无光照时，光敏电阻 R_G 很大，

I_G 很小，从欧姆定律角度分析，I_G 在 R_L 上的压降 U_o 就很小。随着入射光增大，R_G 减小，U_o 随之增大。也可以改从分压比角度来分析图 10-6（b）的情况。与图 10-6（a）相反，入射光增大时，R_G 与 R_L 的分压比减小，U_o 减小。

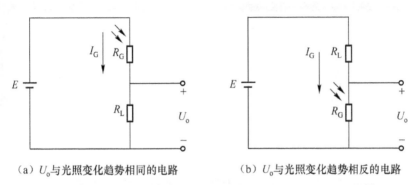

（a）U_o 与光照变化趋势相同的电路　　　（b）U_o 与光照变化趋势相反的电路

图 10-6　光敏电阻基本应用电路

五、光敏电阻的应用

根据光敏电阻的光谱特性，光敏电阻可分为紫外光敏电阻、红外光敏电阻、可见光光敏电阻 3 种。

紫外光敏电阻器主要对紫外线较灵敏，用于探测紫外线强度；红外光敏电阻器则被广泛用于导弹制导、天文探测、非接触测量、人体病变探测、红外光谱、红外通信等国防、科学研究和工农业生产中；可见光光敏电阻器主要用于各种光电控制系统，如光电自动开关门、航标灯、路灯和其他照明系统的自动亮灭、自动供水装置、机械上的自动保护装置和位置检测器、极薄零件的厚度检测器、照相机的自动曝光装置、光电计数器、烟雾报警器、光电跟踪系统等方面。

1. 浓度计

浓度计如图 10-7 所示。其中，图 10-7（a）所示为实物图，图 10-7（b）所示为浓度计的工作原理示意图。当浓度计插入到被检体时，根据被检体的浓度或密度，光敏电阻将其接收到的光线强度转变成电信号，通过放大后驱动显示仪表。该测量仪一般用于乳浊液的浓度分析、灰片密度及透光率的测量。放大器及显示仪表可以根据具体的需要选用。调节 R_P 可检测不同的被检体。

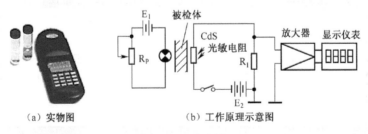

（a）实物图　　　　　（b）工作原理示意图

图 10-7　浓度计

2. 调光路灯

调光路灯如图 10-8 所示，调光路灯能根据外界光线的强弱自动调节灯光亮度。若外界亮度高，灯光就暗，反之，外界亮度低，灯光就亮。图10-8（a）所示的是其外形图，图10-8（b）所示的是其工作原理图。

（a）外形图

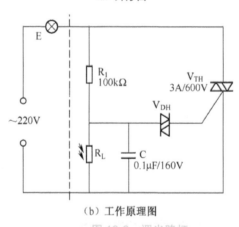

（b）工作原理图

图 10-8　调光路灯

图10-8（b）所示的是一个采用双向晶闸管制作的调光路灯电路。V_{DH} 为双向触发二极管，V_{TH} 为双向晶闸管，调节 R_1 可控制灯光的亮度。白天，光敏电阻 R_L 因受自然光线的照射，呈现低电阻，它与 R_1 分压后，获得的电压低于双向触发二极管 V_{DH} 的触发电压，故双向晶闸管 V_{TH} 截止，路灯 E 不亮。当夜幕来临时，R_L 阻值增大，R_L 上分得电压逐渐升高，当高于 V_{DH} 的转折电压时，V_{TH} 开通，路灯 E 点亮。该电路具有软启动过程，有利于延长灯泡的使用寿命。V_{DH} 可用转折电压为 20 ~ 40V 的双向触发二极管，如 2CTS、DB_3 型等。

3. 生化分析仪

生化分析仪如图10-9所示，将光电传感器安装在比色皿的旁边，比色皿另一边安装单色光源，当单色光束照射比色皿内的有色液体，被测样品吸收了部分电信号，该电信号是由光电传感器将接收到光信号转换而成的，该信号经放大整流并转换成数字信号，送入计算机，同时计算机控制驱动电力驱动滤光片轮和样品盘，对测量数据进行处理、运算、分析、保存，打印机同时打印出相应的结果，最后，在测完每组样品之后对比色皿进行清洗。被测样品的成分、浓度会直接影响到光电传感器所接收到的光信号强度。由光信号转换成电信号的大小，可判断被测样品大致的成分和浓度。

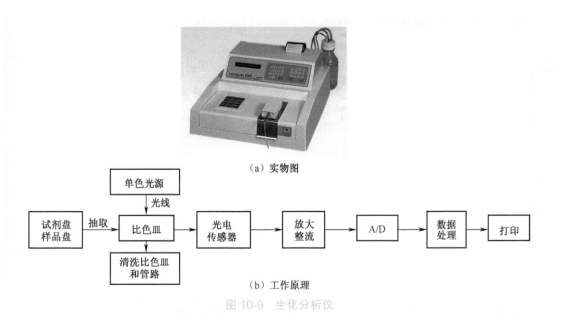

（a）实物图

试剂盘样品盘 →抽取→ 比色皿 ← 单色光源（光线）
比色皿 →清洗比色皿和管路
比色皿 → 光电传感器 → 放大整流 → A/D → 数据处理 → 打印

（b）工作原理

图 10-9 生化分析仪

任务三 了解光敏晶体管传感器

一、光敏晶体管传感器的结构

光敏晶体管是光敏二极管、光敏三极管的总称，光敏二极管与光敏三极管的组合可构成光电耦合器，常见的光敏晶体管传感器的结构如图 10-10 所示。

（a）光敏二极管

（b）光敏三极管的插件及贴片元件

（c）光电耦合器

图 10-10 光敏晶体管传感器

表 10-2 中列出了对光敏二极管和光敏三极管进行的性能比较。

表 10-2　光敏二极管与光敏三极管的性能比较

类型	光敏二极管	光敏三极管
电路符号		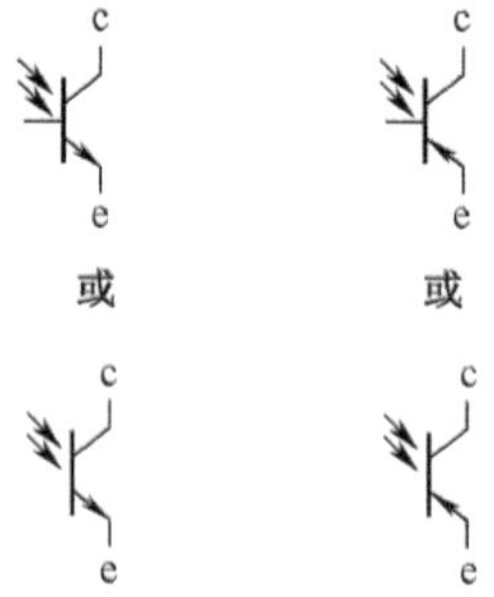 　（a）NPN 型　　（b）PNP 型
内部结构	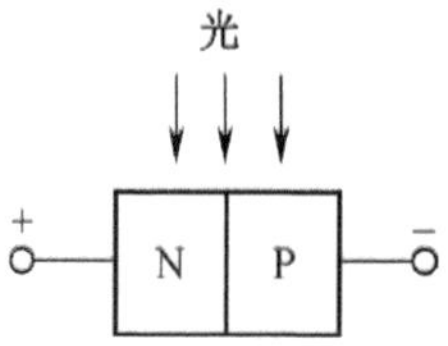	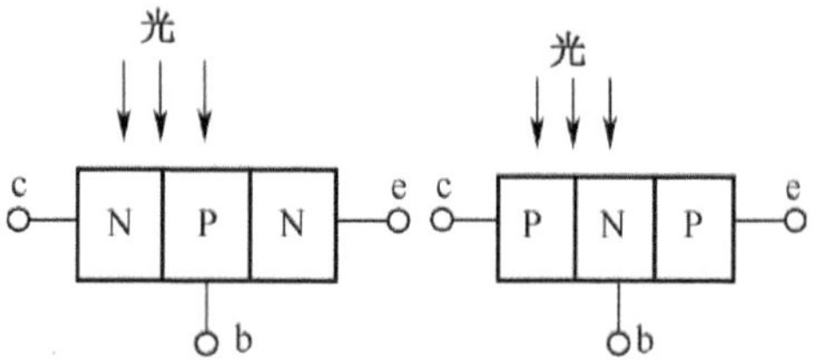 　（a）NPN 型　　（b）PNP 型
原理图	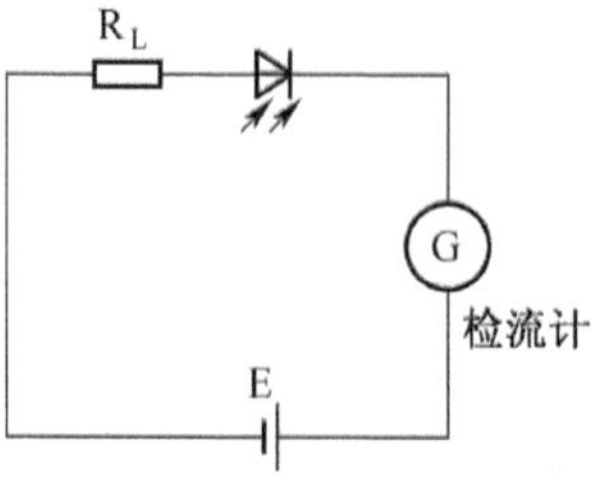	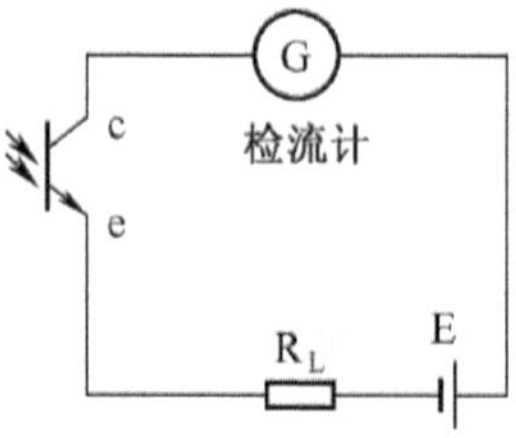
工作状态	工作在反向偏置状态	发射结正偏，集电结反偏
工作原理	内光电效应；无光照时截止，有光照时导通	内光电效应；无光照时截止，有光照时导通
灵敏度	>0.1μA/lx	比光敏二极管高 10 倍以上
负载能力	<0.5mA	<100mA
温漂	小	较大
响应时间（工业级）	0.1μs 左右	10μs 左右

二、光敏晶体管传感器的工作原理

1. 光敏二极管

光敏二极管的结构与一般的二极管相似，其 PN 结对光敏感。将 PN 结装在管壳的顶部，上面有一个透镜制成的窗口，PN 结集中接收光线的照射。光敏二极管的工作原理如图 10-11

所示，它在电路中通常处于反向偏置状态。无光照时，光敏二极管的反向电流很小，称为暗电流；有光照时，PN 结及其附近激发大量电子—空穴对，称为光电载流子。在外电场的作用下，光电载流子参与导电，形成比暗电流大得多的反向电流，该反向电流称为光电流。光电流的大小与光照强度成正比，在负载上能得到随光照强度变化的电信号。

（a）图形符号　　　　　　　　　　　（b）基本应用电路

图 10-11　光敏二极管工作原理

光敏二极管一般有以下两种工作状态。

（1）当光敏二极管上加有反向电压时，光敏二极管中的反向电流随光照强度的变化而成正比化，即光照强度越大，反向电流越大。

（2）光敏二极管上不加反向电压，利用 PN 结在受光照时产生正向压降的原理，光敏二极管作为微型光电池使用。通常利用该状态使之作为光检测器。

2. 光敏三极管

光敏三极管和普通三极管的结构相类似。不同之处是光敏三极管必须有一个对光敏感的 PN 结作为感光面，一般用集电结作为受光结。光敏三极管有 PNP 型和 NPN 型两类。NPN 型比较常见，它具有两个 PN 结，可等效成一只光敏二极管与一只晶体管的结合，如图 10-12 所示。为了增大驱动功率，有时采用两只光敏三极管复合方式连接，这类光敏三极管的等效电路及电路符号如图 10-13 所示。

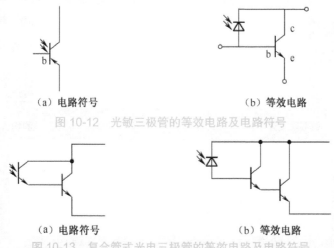

（a）电路符号　　　　　　　　　　　（b）等效电路

图 10-12　光敏三极管的等效电路及电路符号

（a）电路符号　　　　　　　　　　　（b）等效电路

图 10-13　复合管式光电三极管的等效电路及电路符号

光敏三极管在无光照射时和普通三极管一样处于截止状态。当光信号照射其基极（受光窗口）时，半导体受到光的激发作用产生很多载流子，形成光照电流，从基极输入三极管。这样，集电极流过的电流就是光照电流的数倍。很显然，光敏三极管的灵敏度比光敏二极管的高许多，但暗电流较大，响应速度慢。

光敏三极管除了能将光信号转换成电信号外，还能对电信号进行放大。工作时集电结反偏，发射结正偏。无光照时，光敏三极管内流过的电流（暗电流）很小；有光照时，激发大量的电子—空穴对，使得基极产生的电流 I_b 增大，此刻流过光敏三极管的电流称为光电流，集电极电流 $I_c=(1+\beta)I_b$，也随着成倍增大。因此，光敏三极管比光敏二极管具有更高的灵敏度。

光敏三极管的引出脚一般只引出两个极—发射极 e 和集电极 c，基极 b 不引出。也有引出基极的，但主要作为温度补偿用。管壳同样开有窗口，以便光线射入。因此，它的外形与光敏二极管比较相似，两者只能从型号上进行区分，如2AU是光敏二极管，3AU是光敏三极管。光敏晶体管也有硅管和锗管之分，AU 是锗管，CU、DU 是硅管。

光的波长与颜色的关系如表 10-3 所示。

表 10–3　光的波长与颜色的关系

颜色	紫外	紫	蓝	绿	黄	橙	红	红外
波长 / μm	10^{-4}~0.39	0.39~0.46	0.46~0.49	0.49~0.58	0.58~0.60	0.60~0.62	0.62~0.76	0.76~1000

三、光敏晶体管传感器的分类

光敏晶体管传感器一般由光源、光学通路和光敏晶体管 3 部分组成。按照光源、被测物和光敏晶体管三者之间的关系，光敏晶体管传感器可分为 4 种类型，分别是被测物发光型、被测物透光型、被测物反光型和被测物遮光型，如图 10-14 所示。

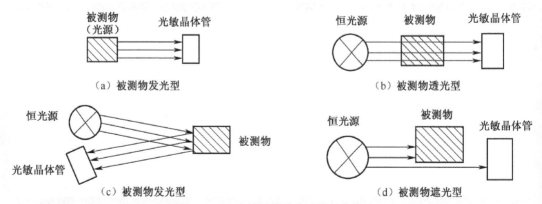

图 10-14　光敏晶体管传感器的分类

1. 被测物发光型

被测物本身就是光辐射源，所发射的光直接射向光敏晶体管，也可经过一定光路后作用到光敏晶体管上。光敏晶体管将感受到的光信号转换为相应的电信号，其输出反映了光源的某些物理参数。该形式的传感器主要用于光电比色温度计、光照度计中。

2. 被测物透光型

被测物体置于光源和光敏晶体管之间，恒光源发出的光穿过被测物，部分被吸收后透射到光敏晶体管上。透射光的强度取决于被测物对光吸收的多少，被测物透明，吸收光就少；被测物浑浊，吸收光就多。该形式的传感器常用来测量液体、气体的透明度、浑浊度，用于光电比色计等。

3. 被测物反光型

恒光源与光敏晶体管位于同一侧，恒光源发出的光投射到被测物上，再从被测物体表面反射后投射到光敏晶体管上。反射光的强度取决于被测物体表面的性质、状态及其与光源间的距离，利用此原理可用来测试物体表面光洁度、粗糙度、纸张白度或用作位移测试仪等。

4. 被测物遮光型

被测物体置于光源和光敏晶体管之间，恒光源发出的光经过被测物时，被遮去其中一部分，使投射到光敏晶体管上的光信号发生改变，其变化程度与被测物的尺寸及其在光路中的位置有关。该形式的传感器可用于测量物体的尺寸、位置、振动、位移等。

四、光敏晶体管传感器的应用电路

1. 光敏二极管应用电路

光敏二极管在应用电路中必须反向连接，若正向连接，流过它的正向电流就不受入射光的控制。光敏二极管的一种应用电路如图 10-15 所示，利用反相器 74HC04 可将光敏二极管的输出电压转换成 TTL 电平。

2. 光敏三极管的应用电路

光敏三极管的两种常用电路如图 10-16 所示，其中：将发射极作为输出的为射极输出电路，如图 10-16（a）所示，将集电极作为输出的为集电极输出电路，如图 10-16（b）所示。

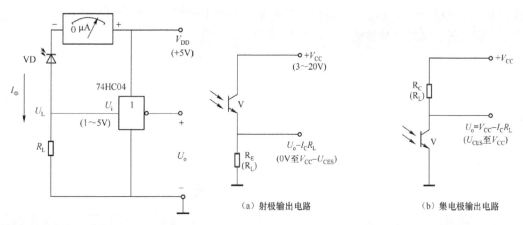

图 10-15　光敏二极管的一种应用电路　　　　图 10-16　光敏三极管的两种常用电路

五、光敏晶体管传感器的应用

由于光敏晶体管传感器具有结构简单、体积小、精度高、反应快、非接触测量等优点，因此被广泛应用于各种检测技术。除了用于检测直接引起光量变化的非电量，如光强、光照度等外，也用于检测能转换成光量变化的其他非电量，如零件直径、表面粗糙度、应变、位移、振动、速度、加速度等。

1. 光电开关

光电开关是一种利用光电效应做成的开关。将光源与光电开关按一定方式安装，当有被测物体接近时，光电开关会对变化的入射光加以接收并进行光电转换，然后以开关形式的信号输出。根据检测方式的不同，光电开关可分为对射式、漫反射式、镜面反射式和槽式等几种类型，如表10-4所示。

表 10-4　光电开关的分类及应用

开关类型	对射式光电开关	漫反射式光电开关	镜面反射式光电开关	槽式光电开关
内部结构				
性能特点	光源与光电元件分离，被测物位于二者之间	集光源与光电元件于一体	集光源与光电元件于一体	光源与光电元件位于U形槽的两边
应用	检测不透明物体	检测表面光亮或反光率高的物体	检测不透明物体	分辨透明与半透明物体

作为光电控制和光亮检测的装置，光电开关被广泛应用于工业控制、自动化生产线及安全装置中。图10-17所示为光电开关的应用，光电开关对流水线上的产品进行计数，如图10-17（a）所示；图中采用的是反射型光电开关，反射型光电开关把光源和光电元件装入同一个装置内，利用反射原理完成光电控制。当光路上有反射率高的被测物通过时，如流水线上的酒瓶盖、标签等，光线会从被测物表面反射回来，并被光电元件接收；反之，当流水线上的酒瓶未上盖，标签未贴上时，光线发射出去后经过酒瓶就不会反射回来，光电元件接收不到光信号。光电元件把光信号的变化转变成相应的电信号，经过转换电路输出相应的报警信号。

对生产啤酒、饮料等灌装线上瓶子装配质量进行检验的示意图10-17（b）所示，判断瓶子是否到位、瓶盖是否压上、商标是否漏贴等都可以使用光电传感器。

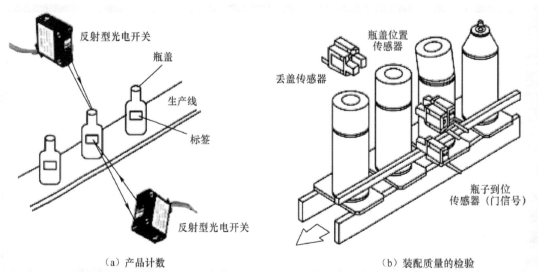

（a）产品计数　　　　　　（b）装配质量的检验

图 10-17　光电开关的应用

2. 光电色质检测器

生产中常常需要对产品进行包装，若规定包装材料的底色为白色，则在产品包装前要先对包装材料进行色质检测，判断是否为白色，光电色质检测器的工作原理如图10-18所示，包装材料的颜色为白色时，光电传感器输出的电信号经电桥、放大后，与给定色质相比较，若两者一致，输出电压为零，开关电路输出低电平，电磁阀截止；当包装材料因质量不佳出现泛黄时，光敏晶体管收到的光信号会发生变化，其输出的电信号也随之变化，经电桥、放大后，与给定色质相比较就有比较电压差输出，则开关电路输出高电平，电磁阀被接通，由压缩空气将泛黄材料吹出。

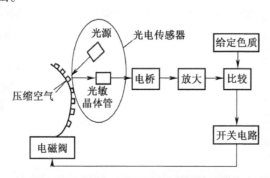

图 10-18　光电色质检测器的工作原理图

3. 光电式转速计

光电式转速计有反射式和直射式两种基本类型，图10-19所示为直射式光电转速计，给出了直射式光电转速计的实物图及工作原理图。

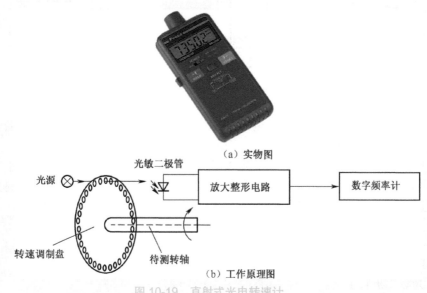

（a）实物图

（b）工作原理图

图 10-19　直射式光电转速计

在图10-19中，待测转轴上固定着一个带孔的转速调制盘，在调制盘的一边由白炽灯产生的恒定光透过调制盘上的小孔到达光敏二极管。转轴转动时，光敏二极管能周期性地接收到白炽灯产生的光信号，并将光信号的变化转换成相应的电脉冲信号，经过放大整形电路后输出脉冲信号，由数字频率计计数并显示出来。

若调制盘上的孔（或齿）数为Z个，被测转轴的转速为n（r/min），频率为f，两者关系为$n=\dfrac{60f}{Z}$。

任务四　光敏传感器技能训练

一、光敏电阻的特性测试

1. 材料及仪器

（1）光敏电阻1个。

（2）指针式万用表1台。

2. 测试步骤

光敏电阻的接线图如图10-20所示。

万用表拨至R×1k挡，将万用表的红表笔、黑表笔分别与光敏电阻器的引脚接触，在以下两种情况下观察万用表的指针位置。

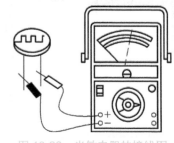

图10-20　光敏电阻的接线图

（1）用遮光物挡住光敏电阻，观察万用表指针的摆动情况，如图10-21所示。

（2）用光线照射光敏电阻，观察万用表指针的摆动情况，如图10-22所示。

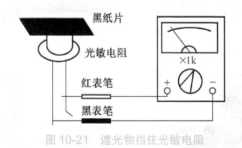

图10-21　遮光物挡住光敏电阻

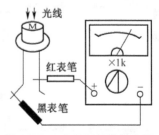

图10-22　光线照射光敏电阻

由此得出结论：光敏电阻的阻值随着光照的增强而_____，随着光照的减弱而_____。

判断光敏电阻的好坏，需要观察光敏电阻的阻值是否随光照强度的变化而变化，若照射光线的强弱发生变化时，万用表的指针应随光线的变化而摆动，说明光敏电阻是好的；若光线强弱发生变化时，万用表所测的阻值无变化，则说明此光敏电阻器是坏的。

二、光敏晶体管的特性测试

1. 材料及仪器

（1）光敏二极管1个。

（2）光敏三极管1个。

（3）直流稳压1台。

（4）开关1个。

（5）负载电阻1个。

（6）检流计 1 台。

（7）指针式万用表 1 台。

2. 步骤

（1）万用表简易判别法

① 光敏二极管

万用表拨至 R×1k 挡，将万用表的红表笔、黑表笔分别与光敏二极管的引脚接触，测正向电阻约 10kΩ 左右。在无光照情况下，反向电阻应为 ∞，若反向电阻不是 ∞，说明漏电流大；有光照时，反向电阻应随光照增强而减小，阻值小至几千欧或 1kΩ 以下。如果测得正向电阻值大于 20kΩ，则说明该元件已经存有老化现象；如果接近于零，则判断光敏二极管已经损坏；如果反向电阻只有数千欧姆，甚至接近于零，则管子也被损坏；它的反向电阻愈大，表明其漏电流愈小，质量愈佳。

红外线发射管和红外线接收管称为红外对管。红外对管的外形与普通圆形的发光二极管类似。仅从外观难以区分发射管和接收管。

用万用表的 R×1k 挡，测量红外对管的极间电阻，以判别红外对管。

在无光照情况下，对红外对管不断调换表笔测量，发射管的正向电阻小，反向电阻大，且黑表笔接正极（长引脚）时，电阻小的（1～20kΩ）是发射管。正反向电阻都很大的是接收管；黑表笔接负极（短引脚）时电阻大的是发射管，电阻小并且万用表指针随着光线强弱变化时，指针产生摆动的是接收管。

② 光敏三极管

用万用表 R×1k 挡，红表笔接光敏三极管的发射极，黑表笔接集电极。无光照时，指针微动并接近 ∞；有光照时，应随光照的增强，其电阻变小，可达 1kΩ 以下。若黑表笔接光敏三极管的发射极，红表笔接集电极，无光照时，电阻为 ∞；有光照时，电阻为 ∞ 或指针微动。

（2）特性测试

① 光敏二极管

按照图 10-23 所示的电路图接线，合上开关，分别在以下 3 种情况下观察检流计的指针位置：（a）自然光线下；（b）白炽灯泡光线下；（c）用手捂住光敏二极管。由此得出结论：无光照时，光敏二极管的反向电流_____；有光照时，光敏二极管的反向电流_____，光电流的大小与光照强度成_____。

② 光敏三极管

按照图 10-24 所示的电路图接线，合上开关，分别在以下 3 种情况下观察检流计的指针位置：（a）自然光线下；（b）白炽灯泡光线下；（c）用手捂住光敏三极管。由此得出结论：光敏三极管在无光照时_____，有光照时_____，光电流的大小与光照强度成_____。

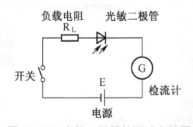

图 10-23　光敏二极管的测试电路图

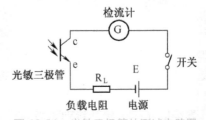

图 10-24　光敏三极管的测试电路图

（3）注意事项

① 在连接光敏二极管的测试电路时，要注意二极管的极性，使其工作在反向偏置状态下，即光敏二极管的正极接电源的负极，光敏二极管的负极接电源的正极。

② 在光敏三极管的测试电路中，要注意使三极管的集电结反偏，发射结正偏，即光敏三极管的发射接电源的负极，光敏三极管的集电极接电源的正极。

③ 在选择电源电压值和负载电阻阻值时，要注意使电路中的最大电流不超过检流计的额定电流。

三、光敏晶体管使用注意事项

为保证光敏二极管和光敏三极管的使用安全，充分利用器件本身性能，使用时必须注意以下几个方面。

（1）光敏晶体管和一般半导体器件一样，任何时候都不允许电参数超过其最大值，如最高工作电压、最大集电极电流和最大允许功率损耗，否则，将会缩短管子的使用寿命，甚至立即烧毁。

（2）光敏二极管和光敏三极管的光电流相差很大，光敏二极管的光电流一般只有几微安至几百微安，而光敏三极管的光电流在几微安以上，在实用电路中，光敏二极管产生的光电流需要经过放大后才能驱动其他负载，如继电器、数码管等。

光敏二极管和光敏三极管的暗电流相差不多，大多在$0.5\mu A$以下。探测弱光信号时，一定要选用暗电流小的管子，以提高电路的灵敏度，一般探测$10^{-3} lx$的弱光，必须选用暗电流小于$0.01\mu A$的光敏二极管，也可以选用暗电流小于$0.1 nA$的有较高的灵敏度，且线性好的光敏三极管；暗电流为$0.1 nA$的光敏二极管和暗电流为$10 nA$的光敏三极管只能用于照度大于$10^{-1} lx$的电路。

（3）光敏二极管输出特性线性度好，在很宽的入射光照度范围内都具有很好的线性；光敏三极管输出特性线性度较差，在低照度时灵敏度低，而在高照度时，光电流又有饱和趋势，只有在照度适中时才有个线性区；光敏二极管响应时间短，在百纳秒以下；光敏三极管响应时间慢，长达$5\sim 10\mu s$之久，复合光敏三极管的响应时间还要长，因此在调制光信号和光脉冲下的光敏三极管时要慎重选用。一般要求灵敏度高，工作频率低的开关电路，选用光敏三极管，而要求光电流与照度成线性关系或要求在高频率下工作，受温度变化影响小的环境时，则应选用光敏二极管。无论光敏二极管或光敏三极管，它们不仅对红外线敏感，对较强的日光和灯光也有作用，当光照过强时会使放大电路输出饱和而失控，应加红色有机玻璃滤光，以减少环境光所造成的影响。

（4）入射光强度必须适当，过弱的光可能会被噪声淹没；过强的光则可能会因吸收光源的热辐射而使管子受光面的温度上升，从而影响工作的稳定性。

（5）使用的环境温度不宜过高，如果必须采用低温下工作的管子才能满足光谱特性的要求，如砷化铟（InAs）、锑化铟（InSb）等光敏器件，则要采取措施。当环境温度变化大时，需要采取温度补偿措施，否则，可能是电路工作不稳定。

（6）安装时，必须使入射光路和管子的受光面垂直，以获得最佳响应特性；应避免管子受到外界杂散光的干扰，特别是当被接收信号是恒定的光信号时，更应注意。安装时，管子各电极引脚必须有一定的长度，同时必须经常保持受光面的清洁。

四、各种接近开关的选型

光电传感器可用作接近开关，实现对运动物件的形成控制和位置控制。接近开关有许多类型，针对不同材质的物件和不同检测对象、检测距离以及应用场合等，应选用不同类型的接近开关，以使其在系统中具有高的性能价格比，表10-5所示为各种接近开关性能比较。

表 10-5 各种接近开关的性能比较

类型	检测对象	特点	应用场合
电感式接近开关	检测各种金属物件或或可以固定在一块金属物件上的物件；不能应用于非金属物件检测	响应频率高、抗环境干扰性能好；应用范围广、价格较低；对铁镍、A3钢类物件检测最灵敏，但对铝、黄铜和不锈钢类物件，其检测灵敏度就低	一般的工业生产场所
电容式接近开关	检测各种非金属物件料的导电或不导电的液体或固体，如木材、纸张、塑料、玻璃、粉状物和水等	响应频率低，但稳定性好；安装时应考虑环境因素的影响	一般的工业生产场所
光电式接近开关	检测所有能反射光线的金属物件和非金属物件	远距离检测和控制；两个光电接近开关不宜安装过近	在环境条件比较好、无粉尘污染的场合
超声波式接近开关	检测不透过超声波的金属物件和非金属物件	2.5 ~ 10cm 检测和控制	适用范围很广，可在恶劣的工业环境中使用
霍尔式接近开关	检测磁性物件，如磁钢或磁铁	价格低廉；抗干扰能力强，检测灵敏度要求不高；能安装在金属中，可并排紧密安装，可穿过金属进行检测	适用范围很广，能在各类恶劣环境下可靠地工作

项 目评价

一、思考题

1. 填空题

（1）光电式传感器的工作基础是_____效应，能将光信号的变化转换为电信号的变化。

（2）按照工作原理的不同，光敏晶体管传感器可分为_____、_____、_____和_____四种类型。

（3）光电效应通常分为_____、_____和_____3 种类型。

（4）常见的基于内光电效应的光敏元件有_____和_____。

（5）光电开关是一种利用光电效应做成的开关。根据检测方式的不同，光电开关可分为_____、_____、_____和_____4 种类型。

（6）光敏晶体管传感器是_____、_____和_____的总称。

（7）光电传感器可以检测出所收到的光信号的变化，然后借助_____元件将光信号的变化转换成＿＿＿＿＿＿＿＿信号，进而输出到处理器中进行处理以实现控制。

（8）光电色质检测器中的传感器属于＿＿＿＿＿＿＿＿类型的传感器。

（9）光敏二极管工作在反向偏置状态下，即光敏二极管的正极接电源＿＿＿＿＿＿＿极，光敏二极管的负极接电源＿＿＿＿＿＿＿极。

（10）光敏三极管工作时集电结＿＿＿＿＿＿＿偏，发射结＿＿＿＿＿＿＿偏。

2. 选择题

（1）光敏电阻的工作基础是（　　　）效应。

A. 外光电效应　　　B. 内光电效应　　　C. 光生伏特效应

（2）光敏电阻在光照下，阻值（　　　）。

A. 变小　　　　　B. 变大　　　　　C. 不变

（3）光敏二极管工作在（　　　）偏置状态，无光照时（　　　），有光照时（　　　）。

A. 正向　　　　　B. 反向　　　　　C. 截止　　　　　D. 导通

（4）光敏三极管与光敏二极管相比，灵敏度（　　　）。

A. 高　　　　　　B. 低　　　　　　C. 相同

（5）以下元件中，属于光源的有（　　　），属于光电元件的有（　　　）。

A. 发光二极管　　B. 光敏三极管　　C. 光电池　　　　D. 激光二极管

E. 红外发射二极管　　　　　　　　　　F. 光敏二极管

（6）光敏电阻上可以加直流电压，也可以加交流电压。加上电压后，无光照射时，由于光敏电阻的阻值（　　　），电路中只有很（　　　）的暗电流；当有适当波长的光照射时，光敏电阻的阻值变（　　　），电路中电流也随之变（　　　），称为光电流。根据光电流的大小，即可推算出入射光的强弱。

A. 大　　　　　　B. 小　　　　　　C. 相同

（7）在光线作用下，半导体电导率增加的现象属于（　　　）。

A. 外光电效应　　　B. 内光电效应　　　C. 光电发射

（8）（　　　）一般用于光的测量、控制和光电转换。

A. 发光二极管　　B. 光敏电阻　　　C. 光电池　　　　D. 激光二极管

（9）自动调光台灯中使用的光敏元件是（　　　）。

A. 发光二极管　　B. 光敏二极管　　C. 光敏三极管　　D. 光敏电阻

（10）光电式传感器属于（　　　）传感器。

A. 接触式　　　　B. 非接触式

3. 问答题

（1）光电式传感器可分为哪几类？分别举出几个例子加以说明。

（2）光电效应有哪几种？与之对应的光电元件有哪些？

（3）造纸厂经常需要测量纸张的"白度"以提高产品质量，请设计一个自动检测纸张"白度"的仪器，要求如下：

A. 画出传感器光路图　　　　　　B. 画出转换电路图

C. 简要说明其工作原理

二、技能训练

1. 以图 10-25 为例，说明光电式传感器工作原理。

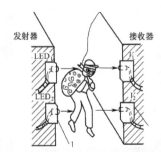

图 10-25　光电式传感器的工作原理

2. 图 10-26 给出了光电式鼠标的外形结构及工作原理图，鼠标内部安置了两个相互垂直的滚轴，分别是 X 方向的滚轴和 Y 方向的滚轴，这两个滚轴都与一个可以滚动的小球接触，小球滚动时会带动两个滚轴转动，试分析其工作过程。

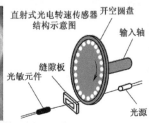

图 10-26　光电式鼠标的外形结构和工作原理图

3. 某设计部门欲设计一种垃圾分选系统，需要使用接近开关来分拣城市生活垃圾中的金属、塑料等材料，同时还能区分材料的颜色，如黑色和白色材料，请你选用几种合适的接近开关，以满足设计要求。

三、项目评价评分表

1. 个人知识和技能评价表

班级：＿＿＿＿＿＿　　姓名：＿＿＿＿＿＿　　成绩：＿＿＿＿＿＿

评价方面	评价内容及要求	分值	自我评价	小组评价	教师评价	得分
实操技能	① 能检测光电传感器特性	15				
	② 会选用各种接近开关	25				
理论知识	① 了解光电传感器的应用场合	20				
	② 理解光电传感器应用中的工作过程	15				
	③ 了解光电传感器的工作原理	15				
安全文明生产和职业素质培养	① 态度认真，按时出勤，不迟到早退，按时按要求完成实训任务	2				
	② 具有安全文明生产意识，安全用电，操作规范	2				
	③ 爱护工具设备，工具摆放整齐	2				
	④ 操作工位卫生良好，保护环境	2				
	⑤ 节约能源，节省原材料	2				

2. 小组学习活动评价表

班级：_____　　小组编号：_____　　成绩：_____

评价项目	评价内容及评价分值			小组内自评	小组互评	教师评分	得分
分工合作	优秀（16～20分）	良好（12～16分）	继续努力（12分以下）				
	小组人员分工明确，任务分配合理，有小组分工职责明细表，能很好地团队协作	小组人员分工较明确，任务分配较合理，有小组分工职责明细表，合作较好	小组人员分工不明确，任务分配不合理，无小组分工职责明细表，人员各自为阵				
获取与项目有关的信息	优秀（16～20分）	良好（12～16分）	继续努力（12分以下）				
	能使用适当的搜索引擎从网络等多种渠道获取信息，并合理地选择、使用信息	能从网络获取信息，并较合理地选择、使用信息	能从网络或其他渠道获取信息，但信息选择不正确，使用不恰当				
实操技能	优秀（24～30分）	良好（18～24分）	继续努力（18分以下）				
	能按技能目标要求规范完成每项任务	能按技能目标要求规范较好地完成每项任务	只能按技能目标要求完成部分任务				
基本知识分析讨论	优秀（24～30分）	良好（18～24分）	继续努力（18分以下）				
	讨论热烈、各抒己见，概念准确、原理思路清晰、理解透彻，逻辑性强，并有自己的见解	讨论没有间断、各抒己见，分析有理有据，思路基本清晰	讨论能够展开，分析有间断，思路不清晰，理解不透彻				
总分							

>>>> 项目小结 <<<<

❶ 光电式传感器以各种类型的光作为传感元件，通过传感元件将光信号的变化转换为电信号的变化，再经相应的转换电路输出控制信号。

光电元件又称为光敏元件，是构成光电传感器的主要部件，其工作基础是光电效应。光电效应是在光线作用下，物体吸收光能量而产生相应的光电效应的一种物理现象，通常可分为外光电效应、内光电效应和光生伏特效应 3 种类型。

　　光敏电阻是利用半导体材料制成的一种电阻值随入射光的强弱变化而改变的传感器。光敏二极管和光敏三极管也是用于光电转换的半导体器件，与光敏电阻相比具有灵敏度高、响应速度快、高频性能好等优点。

　　光敏晶体管传感器一般由光源、光电元件和测量电路3部分组成，光源对准被测物发射光束，光电元件将接收到的光信号转换为电信号。按照光源、被测物和光电元件三者之间的关系，光敏晶体管传感器可分为4种类型，分别是被测物发光型、被测物透光型、被测物反光型和被测物遮光型。

　　由于光电传感器具有结构简单、体积小、精度高、反应快、非接触测量等优点，因此被广泛应用于各种检测技术。除了用于检测直接引起光量变化的非电量，如光强、光照度等外，也用于检测能转换成光量变化的其他非电量，如零件直径、表面粗糙度、应变、位移、振动、速度、加速度等。

　　❷ 根据光照射到光敏电阻的强弱，可以测试到光敏电阻的光电特性。通过连接电路为光敏晶体管传感器提供合适的工作条件，可以测试在自然光、白炽灯光以及无光情况下的特性。

　　光电传感器可用作接近开关，实现对运动物件的形成控制和位置控制。接近开关有许多类型，针对不同材质的物件和不同检测对象、检测距离以及应用场合等，应选用不同类型的接近开关。电感式接近开关用以检测各种金属物件或可以固定在一块金属物件上的物件，不能检测非金属物件；电容式接近开关用以检测各种非金属物件料的导电或不导电的液体或固体；光电式接近开关用以检测所有能反射光线的金属物件和非金属物件；超声波式接近开关用以检测不透过超声波的金属物件和非金属物件；霍尔式接近开关用以检测磁性物件。

气敏传感器的认知

我国煤矿生产过程中，由于瓦斯爆炸的伤亡人数占所有重大事故伤亡人数的 70% 以上，成为实现安全生产的最大障碍，及时准确地检测瓦斯含量，在安全生产中具有重大意义。

把半导体气敏传感器应用到矿井生产中，能很好地预防瓦斯爆炸的发生。气敏传感器对于低浓度气体具有很高的灵敏度，具有"嗅觉"功能，能自动检测瓦斯浓度。一旦瓦斯浓度超过设定含量值，系统会自动发出报警并且切断电源，防止瓦斯爆炸事故的发生，最大限度地避免人员的伤害和财产的损失。

图 11-1 所示为煤矿瓦斯监控系统组成示意图，井下瓦斯传感器将采集的瓦斯浓度转换为电信号，通过放大、A/D 转换电路转换成数字信号，由遥控分路器、传输接口送入监控主机，监控主机完成对输入信号采样的控制以及数据的处理，井口瓦斯监视屏实时显示井下瓦斯浓度。

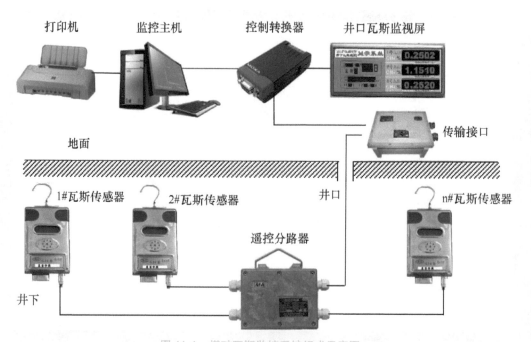

图 11-1　煤矿瓦斯监控系统组成示意图

项目学习目标

	学 习 目 标	学 习 方 式	学 时
技能目标	① 掌握气敏传感器性能检测方法； ② 了解气敏传感器选用原则，会根据实际要求选用气敏传感器	学生实际操作和领悟，教师指导演示	2
知识目标	① 掌握气敏传感器的应用场合和应用方法，理解它们的工作过程； ② 掌握气敏传感器的工作原理	教师讲授、自主探究	2
情感目标	① 培养观察与思考相结合的能力； ② 培养学会使用信息资源和信息技术手段去获取知识的能力； ③ 培养学生分析问题、解决问题的能力； ④ 培养高度的责任心、精益求精的工作热情，一丝不苟的工作作风； ⑤ 激励学生对自我价值的认同感，培养遇到困难决不放弃的韧性； ⑥ 激发学生对气敏传感器学习的兴趣，培养信息素养； ⑦ 树立团队意识和协作精神	学生网络查询、小组讨论、相互协作	

项目任务分析

本项目主要学习气敏传感器，前面增加"气体与人类的日常生活密切相关，采用气敏传感器主要用于对各种气体的定性或定量检测，在环境气体监测，食品安全监察，工业排放监控，呼气疾病诊断等领域有着广泛的应用。通过本项目的技能训练及理论学习，要求掌握气敏传感器的应用场合和应用方法，理解它们的工作过程；掌握气敏传感器性能检测方法，了解气敏传感器选用原则；掌握气敏传感器的工作原理，了解其结构及分类，会分析其应用电路。

任务一 了解气敏传感器的组成

气敏传感器是一种检测特定气体的传感器，能将检测到的气体（特别是可燃气体）成分、浓度等变化转化为电阻（电压、电流）的变化，气敏传感器的组成如图 11-2 所示。

图 11-2 气敏传感器的组成

下面可通过 TGS109 型气敏传感器的内部结构了解气敏传感器的组成，由图 11-3 可以看出，气敏传感器主要由 SnO_2 半导体、加热器、引脚和外壳 4 部分组成，气敏传感器的核心是 SnO_2 半导体，它既充当敏感元件，又充当转换元件。

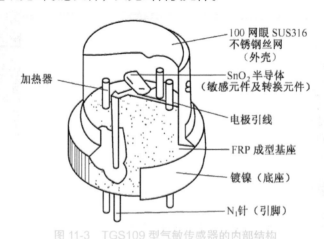

图 11-3　TGS109 型气敏传感器的内部结构

任务二　认知气敏传感器的结构及工作原理

一、气敏传感器的结构

图 11-4 所示为几种气敏传感器的实物图。

图 11-4　气敏传感器的实物图

由于被测气体的种类繁多，性质各不相同，不可能用一种传感器来检测所有气体，所以气敏传感器的种类也有很多。近年来，随着半导体材料和加工技术的迅速发展，实际应用最多的是半导体气敏传感器，半导体气敏传感器按照半导体与气体的相互作用是在表面还是在内部可分为表面控制型和体控制型两类；按照半导体变化的物理性质又可分为电阻型和非电阻型。半导体电阻式气敏传感器具有灵敏度高、体积小、价格低、使用及维修方便等特点，因此被广泛使用。各种半导体气敏传感器的性能比较如表 11-1 所示。

表 11-1　各种半导体气敏传感器的性能比较

分类	主要物理特性	类型	气敏传感器	检测气体
电阻型	电阻	表面控制型	SnO2、ZnO 等的烧结体、薄膜、厚膜	可燃性气体
		体控制型	La1-xSrCoO3、T-Fe2O3，氧化钛（烧结体）、氧化镁、SnO2	酒精； 可燃性气体； 氧气
非电阻型	二极管整流特性	表面控制型	铂—硫化镉、铂—氧化钛（金属—半导体结型场效应管）	氢气； 一氧化碳； 酒精
	晶体管特性		铂栅、钯栅 MOS 场效应管	氢气； 硫化氢

二、气敏传感器的工作原理

气敏传感器是一种利用被测气体与气敏元件发生的化学反应或物理效应等机理，把被测气体的种类或浓度的变化转化成气敏元件输出的电压或电流的一种传感器，它主要包括半导体气敏传感器、接触燃烧式气敏传感器和电化学气敏传感器等，其中用的最多的是半导体气敏传感器。半导体电阻式气敏传感器则是利用气体吸附在半导体上而使半导体的电阻值随着可燃气体浓度的变化而变化的特性来实现对气体的种类和浓度的判断的。

半导体电阻式气敏传感器（以下所介绍的均为此类传感器）的核心部分是金属氧化物，主要有 SnO_2、ZnO 及 Fe_2O_3 等。当周围环境达到一定温度时，金属氧化物能吸附空气中的氧，形成氧的负离子吸附，使半导体材料中电子的密度减小，电阻值增大。当遇到可燃性气体或毒气时，原来吸附的氧就会脱附，而可燃性气体或毒气以正离子状态吸附在半导体材料的表面，在脱附和吸附过程中均放出电子，使电子密度增大，从而使电阻值减小。

为了提高气敏传感器对某些气体成分的选择性和灵敏度，半导体材料中还掺入催化剂，如钯（Pd）、铂（Pt）、银（Ag）等，添加的物质不同，能检测的气体也不同。

任务三　了解气敏传感器的测量电路

一、基本测量电路

图 11-5 所示为气敏传感器的基本测量电路，图 11-5（a）所示为基本测量电路，它包括加热回路和测试回路，如图 11-5（b）所示为气敏传感器的电气符号。

在常温下，传感器的电导率变化不大，达不到检测目的，因此在器件中配上加热丝，使气敏传感器工作在高温状态（200 ~ 450℃）下，加速被测气体的吸附和氧化还原反应，以提高灵敏度和响应速度；同时，通过加热还可以烧去附着在壳面上的油雾和尘埃（起清洁作用）。电源除了为气敏传感器提供工作电压之外，还为气敏传感器的加热丝提供加热电压，加热时间 2 ~ 3min，加热电压一般为 5V。

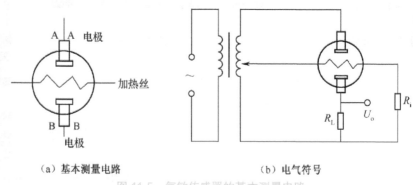

（a）基本测量电路　　　　　　　　　（b）电气符号

图 11-5　气敏传感器的基本测量电路

二、温度补偿电路

气敏传感器在气体中的电阻值与温度和湿度有关。当温度和湿度较低时，气敏传感器的电阻值较大；温度和湿度较高时，气敏传感器的电阻值较小。因此，即使气体浓度相同，电阻值也会不同，需要进行温度补偿。

常用的温度补偿电路如图 11-6 所示。在比较器 IC 的反相输入端接入负温度系数的热敏电阻 R_T。当温度降低时，气敏传感器 AF30L 的电阻值变大，使得 U_+ 变小，而此时 R_T 的阻值增大，使比较器的基准电压 U_- 也变小；当温度升高时，气敏传感器的电阻值变小，在 U_+ 变大的同时，R_T 的阻值减小，使比较器的基准电压 U_+ 增大，从而达到温度补偿的目的。

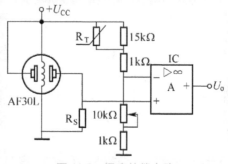

图 11-6　温度补偿电路

任务四　了解气敏传感器的应用

一、简易家用天然气报警器

目前，家用天然气灶和天然气热水器的应用十分普遍。天然气的主要成分是甲烷（CH_4），若天然气灶或天然气热水器漏气，轻则影响人的健康，重则对人身安全和财产造成损害（甲烷浓度达到4%～16%时会爆炸）。因此，安装天然气报警器，放置在家中容易漏气的地方，对空气中的天然气进行监控和报警是非常有意义和有价值的。

采用天然气报警器如图11-7所示。其中，图11-7（a）所示为该报警器的实物图，图11-7（b）所示为检测原理图。接通电源后，若室内空气中的天然气的浓度低于1%时，气敏传感器的阻值较大，电流较小，蜂鸣器BZ不发声；当室内空气中的天然气的浓度高于1%时，气敏传感器的阻值降低，流经电路的电流变大，可直接驱动蜂鸣器BZ发声报警。

烟雾入口

（a）实物图

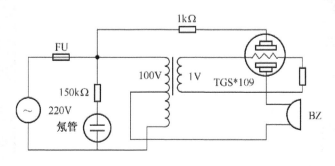

（b）电路图

图 11-7　家用天然气报警器

二、酒精测试仪

交通部门为了预防司机酒后驾驶，在道路上常采用酒精测试仪测试司机有无饮酒，司机只要对准酒精测试仪呼一口气，根据LED亮的数目多少就可知道是否喝酒，并大致了解饮酒的多少。酒精测试仪如图11-8所示。其中，图11-8（a）所示为警察使用酒精测试仪测试驾驶员酒精含量的图片，图11-8（b）所示为酒精测试仪的实物图，图11-8（c）所示为酒精测试仪的电路图。

在图11-8（c）中，集成电路IC为显示驱动器，它共有10个输出端，每一个输出端可以驱动一个发光二极管。当气体传感器探测不到酒精时，加在显示推动器IC的5管脚的电平为低电平；当气体传感器探测到酒精时，其内阻变低，从而使IC的5管脚的电平变高，显示驱动器IC根据第5脚的电平高低来确定依次点亮发光二极管的级数，酒精含量越高则点亮二极管的个数越多。上面5个发光二极管为红色，表示超过安全水平。下面5个发光二极管为绿色，代表安全水平，表示酒精的含量不超过0.05%。

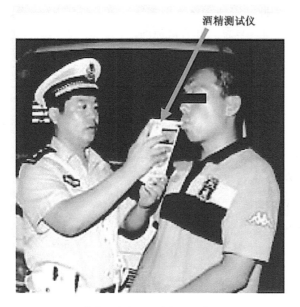

（a）警察正在测试驾驶员的酒精含量　　　　　（b）酒精测试仪的实物图

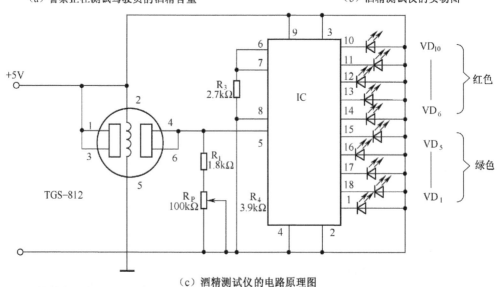

（c）酒精测试仪的电路原理图

图 11-8　酒精测试仪

三、矿灯瓦斯报警器

矿灯瓦斯报警器适用于小型煤矿，如图 11-9 所示。其中，图 11-9（a）所示为矿灯瓦斯报警器的实物图，它被放置在矿工的工作帽内，矿灯蓄电池为 4V，作为其工作电源。

图 11-9（b）所示为矿灯瓦斯报警器原理图。其中，QM-N5 为气敏传感器，R_1 为加热线圈的限流电阻，RP 为瓦斯报警设定电位器。当矿灯打开时，瓦斯检测电路也开始进入检测监控状态。当矿井内瓦斯浓度升高时，气敏传感器的阻值下降，U_C 升高。当瓦斯浓度超过设定浓度时，输出信号通过二极管加到三极管 VT_2 的基极，使三极管导通，由 VT_3、VT_4 等组成的互补式自激多谐振荡器开始工作，继电器线圈不断地吸合和释放，导致继电器开关 K 时通

时断，信号灯闪光报警。由于继电器与矿灯安装在矿工的工作帽内，继电器吸合时，动铁芯撞击铁芯发出的"嗒、嗒"声指示矿工撤离现场；当矿工离开瓦斯超限现场，瓦斯浓度下降至正常时，声音自动解除报警状态。

（a）实物图

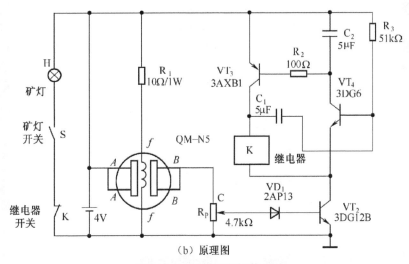

（b）原理图

图 11-9　矿灯瓦斯报警

任务五　气敏传感器技能训练

一、气敏传感器的特性测试

1. 材料及仪器

（1）MQ-3 型气敏传感器 1 个。

（2）数字万用表 1 块。

（3）直流稳压电源 1 台。

（4）盛有酒精的小瓶 1 个。

2. 测试步骤

（1）按照如图 11-10 所示的电路连接检测电路。

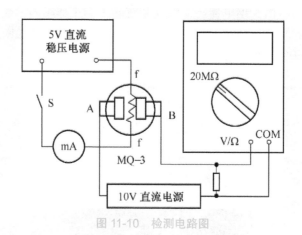

图 11-10　检测电路图

（2）闭合开关 S，接通电源，预热 5min。

（3）电路稳定后，用数字万用表测量元件 A、B 之间的电压值。

（4）将内盛酒精的小瓶瓶口靠近气敏传感器，再次用数字万用表测量元件 A、B 间的电压值。MQ-3 型气敏传感器的实物图如图 11-11 所示。

（5）不断移动小瓶，比较在洁净空气的情况下和在含有酒精气体的空气中，气敏传感器的电压值（对应的电阻值）的差值是否明显。

注意： 以上实验可以重复进行，但需注意使空气恢复到洁净状态。

图 11-11　MQ-3 型气敏传感器的实物图

二、气敏传感器的选用原则

气敏传感器种类较多，使用范围较广，其性能差异大，在工程应用中，应根据具体的使用场合、要求进行合理选择。

1. 使用场合

气体检测主要分为工业和民用两种情况，不管是哪一种场合，气体检测的主要目的是为了实现安全生产，保护生命和财产安全。就其应用目的而言，主要有 3 个方面：测毒、测爆和其他检测。测毒主要是检测有毒气体的浓度是否超标，以免工作人员中毒；测爆则是检测可燃气体的含量，超标则报警，避免发生爆炸事故；其他检测主要是为了避免间接伤害，如检测司机体内的酒精浓度。

因每一种气敏传感器对不同的气体敏感程度不同，只能对某些气体实现更好的检测，在实际应用中，应根据检测的气体不同选择不同的传感器。

2．使用寿命

不同气敏传感器因其制造工艺不同，其寿命不尽相同，针对不同的使用场合和检测对象，应选择相对应的传感器。如一些安装不太方便的场所，应选择使用寿命比较长的传感器。光离子传感器的寿命为 4 年左右，电化学特定气体传感器的寿命为 1 ~ 2 年，电化学传感器的寿命取决于电解液的多少和有无，氧气传感器的寿命为 1 年左右。

3．灵敏度与价格

灵敏度反映了传感器对被测对象的敏感程度，一般来说，灵敏度高的气敏传感器其价格也高，在具体使用中要均衡考虑。在价格适中的情况下，尽可能地选用灵敏度高的气敏传感器。

项 目评价

一、思考题

1．填空题

（1）气敏传感器是一种对_____敏感的传感器。

（2）气敏传感器将_____等变化转换成电阻值的变化，最终以_____形式输出。

（3）气敏传感器接触气体时，由于在其表面_____，致使其电阻值发生明显变化。

（4）气敏传感器内的_____使气敏传感器工作在高温状态，加速_____和氧化_____，以提高_____和_____；同时通过加热还可以使附着在壳面上的油雾、尘埃烧掉。

（5）气敏电阻元件的基本测量电路中有两个电源，一个是_____，用来_____，一个是_____，用来_____。

（6）气敏电阻接触被测气体时，产生的吸附使_____发生变化，使半导体中的_____变化，使气敏传感器的_____变化，从而感知被测气体。

（7）气敏传感器的电阻值与_____和_____有关，因此需要进行_____，以消除它们的影响。

2．选择题

（1）气敏传感器使用（　　）材料。

A．金属　　　　　　　　B．半导体　　　　　　C．绝缘体

（2）判断气体具体浓度大小的传感器是（　　）。

A．电容传感器　　　　B．气敏传感器　　　　C．超声波传感器

（3）加快气体反应速度最关键的部件是（　　）。

A．敏感元件　　　　　B．加热丝　　　　　　C．催化剂

（4）提高气敏传感器选择性最关键的是（　　）。

A．敏感元件　　　　　B．加热丝　　　　　C．催化剂

（5）针对不同的检测气体，掺入不同的（　　）可提高气敏传感器的选择性和灵敏度。

A．催化剂　　　　　　B．加热丝

（6）气敏传感器广泛应用于（　　）。

A．防灾报警　　　　　B．温度测量　　　　　C．液位测量

（7）大气污染监测采用了（　　）传感器。

A．热敏　　　　　　　B．光敏　　　　　　　C．气敏

3．问答题

（1）什么是气敏传感器？简述其用途。

（2）为什么气敏传感器使用的时候需要加热？

（3）为什么要对气敏传感器要进行温度补偿？

二、技能训练

图 11-12 所示为一种家用毒气报警控制器的电路原理图，试分析其工作原理。（其中，KD9561 为报警器集成电路。）

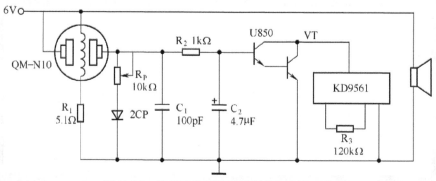

图 11-12　家用毒气报警控制器的电路原理图

三、项目评价评分表

1．个人知识和技能评价表

班级：＿＿＿＿＿＿　　　姓名：＿＿＿＿＿＿　　　成绩：＿＿＿＿＿＿

评价方面	评价内容及要求	分值	自我评价	小组评价	教师评价	得分
实操技能	① 能检测气敏传感器特性	15				
	② 会选用各种气敏传感器	25				
理论知识	① 了解气敏传感器的应用场合	20				
	② 理解气敏传感器应用中的工作过程	15				
	③ 了解气敏传感器的工作原理	15				

续表

评价方面	评价内容及要求	分值	自我评价	小组评价	教师评价	得分
职业意识	① 态度认真，按时出勤	2				
	② 具有安全文明生产意识，操作规范	2				
	③ 爱护工具设备，工具摆放整齐	2				
	④ 操作工位卫生良好	2				
	⑤ 节约能源，节省原材料，保护环境	2				

2. 小组学习活动评价表

班级：_____　　小组编号：_____　　成绩：_____

评价项目	评价内容及评价分值			小组内自评	小组互评	教师评分	得分
分工合作	优秀（16～20分）	良好（12～16分）	继续努力（12分以下）				
	小组人员分工明确，任务分配合理，有小组分工职责明细表，能很好地团队协作	小组人员分工较明确，任务分配较合理，有小组分工职责明细表，合作较好	小组人员分工不明确，任务分配不合理，无小组分工职责明细表，人员各自为阵				
获取与项目有关的信息	优秀（16～20分）	良好（12～16分）	继续努力（12分以下）				
	能使用适当的搜索引擎从网络等多种渠道获取信息，并合理地选择、使用信息	能从网络获取信息，并较合理地选择、使用信息	能从网络或其他渠道获取信息，但信息选择不正确，使用不恰当				
实操技能	优秀（24～30分）	良好（18～24分）	继续努力（18分以下）				
	能按技能目标要求规范完成每项任务	能按技能目标要求规范较好地完成每项任务	只能按技能目标要求完成部分任务				
基本知识分析讨论	优秀（24～30分）	良好（18～24分）	继续努力（18分以下）				
	讨论热烈、各抒己见，概念准确、原理思路清晰、理解透彻，逻辑性强，并有自己的见解	讨论没有间断、各抒己见，分析有理有据，思路基本清晰	讨论能够展开，分析有间断，思路不清晰，理解不透彻				
总分							

>>>> 项 目 小 结 <<<<

❶ 气敏传感器是一种检测特定气体的类别、成分和浓度的传感器，利用气体吸附在半导体上而使半导体的电阻值发生变化的特性来实现对气体的检测。

为了提高气敏传感器对某些气体成分的敏感性，材料中还掺入催化剂，添加的物质不同，检测的气体类别就不同。为了提高传感器的灵敏度，传感器中还装有加热丝。由于气敏传感器的关键材料是半导体，其电阻与温度、湿度有关，因而要进行温度补偿。

❷ 气敏传感器选用应根据具体的使用场合、使用寿命、灵敏度与价格要求进行合理选择。因每一种气敏传感器对不同的气体敏感程度不同，因此只能根据检测的气体不同选择不同的传感器；同时针对不同的使用场合和检测对象如测毒、测爆和其他检测应选择相对应的传感器，此外，在具体使用中要综合考虑灵敏度与价格问题。在价格适中的情况下，尽可能地选用灵敏度高的气敏传感器。

传感器应用专项职业能力考核规范

一、定义

运用电子电路仪器设备，在传感器安装调试场所，具有对传感器进行安装和检测的能力。

二、适用对象

运用或准备运用本项能力求职、就业的人员。

三、能力标准与鉴定内容

能力名称：传感器应用		职业领域：	
工作任务	操作规范	相关知识	考核比重
（一） 选用 传感器	1. 能识别常用传感器； 2. 能根据所需测量的物理量选用合适的传感器	1. 传感器的构成与分类； 2. 传感器基本特性； 3. 敏感材料基本概念； 4. 敏感材料特性和用途	20%
（二） 检测与调试结构型传感器	1. 能分析相关的测量电路； 2. 能检测和调试电感式传感器； 3. 能检测和调试电容式传感器； 4. 能检测和调试电涡流式传感器； 5. 能检测和调试磁电式传感器； 6. 能检测和调试应变电阻式传感器	1. 万用表、频率计、示波器的使用方法； 2. 结构型传感器的原理、结构形式和相关的测量电路； 3. 结构型传感器的主要性能和维护方法； 4. 结构型传感器操作的安全注意事项	35%
（三） 检测与调试物性型传感器	1. 能分析相关的测量电路； 2. 能检测和调试霍尔传感器； 3. 能检测和调试热电偶传感器； 4. 能检测和调试热敏电阻传感器； 5. 能检测和调试半导体（PN结）温度传感器； 6. 能检测和调试湿敏传感器； 7. 能检测和调试气敏传感器； 8. 能检测和调试压电传感器； 9. 能检测和调试压阻式传感器； 10. 能检测和调试光敏三级管传感器	1. 万用表、频率计、示波器的使用方法； 2. 物性型传感器的原理，结构形式和相关的测量电路； 3. 物性型传感器的主要性能和维护方法； 4. 物性型传感器操作的安全注意事项	35%
（四） 安装 传感器	1. 能识读传感器接线图； 2. 能按传感器的接线要求安装连接传感器	各种接线图的识读方法	10%

四、鉴定要求

（一）申报条件

达到法定劳动年龄，具有相应技能的劳动者均可申报。

（二）考评员构成

考评员应具备一定的传感器应用专业知识及实际操作经验；每个考评组中不少于 3 名考评员。

（三）鉴定方式与鉴定时间

技能操作考核采取实际操作考核。技能操作考核时间为 90 分钟。

（四）鉴定场地设备要求

具有不同实验功能的传感器实验平台的鉴定室。

《化工仪表维修工国家职业标准》中华人民共和国劳动和社会保障部制定

1. 职业概况

1.1 职业名称

化工仪表维修工。

1.2 职业定义

从事化工仪表、分析仪器维护、检修、校验、安装、调试和投入运行的人员。

1.3 职业等级

本职业共设五个等级,分别为:初级(国家职业资格五级)、中级(国家职业资格四级)、高级(国家职业资格三级)、技师(国家职业资格二级)、高级技师(国家职业资格一级)。

1.4 职业环境

室内、室外,常温,存在一定的有毒有害物质、噪声和烟尘。

1.5 职业能力特征

具有一定的学习、理解、分析判断和表达能力;四肢灵活,动作协调;嗅觉、听觉、视觉及形体知觉正常;能高空作业。

1.6 基本文化程度

高中毕业(含同等学历)。

1.7 培训要求

1.7.1 培训期限

全日制职业学校教育,根据其培养目标和教学计划确定。晋级培训期限:初级不少于360标准学时;中级不少于300标准学时;高级不少于240标准学时;技师、高级技师不少于200标准学时。

1.7.2 培训教师

培训初级、中级的教师应具有本职业高级及以上职业资格证书;培训高级的教师应具有本职业技师职业资格证书或本专业中级及以上专业技术职务任职资格;培训技师的教师应具有本职业高级技师职业资格证书,本职业技师职业资格证书3年以上或本专业高级专业技术职务任职资格;培训高级技师的教师应具有本职业高级技师职业资格证书3年以上或本专业高级专业技术职务任职资格3年以上。

1.7.3 培训场地设备

理论知识培训场所应为可容纳 20 名以上学员的标准教室。实际操作培训场所应为具有本职业必备设备的场所。

1.8 鉴定要求

1.8.1 适用对象

从事或准备从事本职业的人员。

1.8.2 申报条件

——初级（具备以下条件之一者）

（1）经本职业初级正规训练达规定标准学时数，取得结业证书。

（2）在本职业连续见习工作 2 年以上。

（3）在本职业学徒期满。

——中级（具备以下条件之一者）

（1）取得本职业初级职业资格证书后，连续从事本职业工作 2 年以上，经本职业中级正规培训达规定标准学时数，并取得结业证书。

（2）取得本职业或相关职业初级职业资格证书后，连续从事本职业工作 4 年以上。

（3）取得与本职业相关职业中级职业资格证书后，连续从事本职业工作 2 年以上。

（4）连续从事本职业工作 6 年以上。

（5）取得经劳动保障行政部门审核认定的、以中级技能为培养目标的中等以上职业学校本职业（专业）毕业证书。

——高级（具备以下条件之一者）

（1）取得本职业中级职业资格证书后，连续从事本职业工作 3 年以上，经本职业高级正规培训达规定标准学时数，并取得结业证书。

（2）取得本职业中级职业资格证书后，连续从事本职业工作 5 年以上。

（3）取得高级技工学校或经劳动保障行政部门审核认定的、以高级技能为培养目标的高等职业学校本职业（专业）毕业证书。

（4）大专及以上本专业或相关专业毕业生，连续从事本职业工作 2 年以上。

——技师（具备以下条件之一者）

（1）取得本职业高级职业资格证书后，连续从事本职业工作 3 年以上，经本职业技师正规培训达规定标准学时数，并取得结业证书。

（2）取得本职业高级职业资格证书后，连续从事本职业工作5年以上。

（3）高级技工学校或经劳动保障行政部门审核认定的、以高级技能为培养目标的高等职业学校本职业（专业）毕业生，取得本职业高级职业资格证书后，连续从事本职业工作2年以上。

（4）大专及以上本专业或相关专业毕业生，取得本职业高级职业资格证书后，连续从事本职业工作2年以上。

——高级技师（具备以下条件之一者）

（1）取得本职业技师职业资格证书后，连续从事本职业工作 3 年以上，经本职业高级技师正规培训达规定标准学时数，并取得结业证书。

（2）取得本职业技师职业资格证书后，连续从事本职业工作 5 年以上。

（3）大专及以上本专业或相关专业毕业生，取得本职业技师职业资格证书后，连续从事本职业工作2年以上。

1.8.3 鉴定方式

分为理论知识考试和技能操作考核。理论知识考试采用闭卷笔试，技能操作考核采用实际操作方式进行。理论知识考试和技能操作考核均采用百分制，成绩皆达60分以上者为合格。技师、高级技师还需进行综合评审。

1.8.4 考评人员与考生配比

理论知识考试为1∶20，每个标准教室不少于2名考评人员；技能操作考核为1∶3，且不少于3名考评员；综合评审委员会成员不少于5人。

1.8.5 鉴定时间

理论知识考试时间不少于90分钟；技能操作考核按考核内容确定时间，但不能少于60分钟；综合评审不少于30分钟。

1.8.6 鉴定场所设备

理论知识考试在标准教室内进行。技能操作考核场所应具有相应类别的仪表、控制系统、调试设备和工具等，操作场所应符合环保、安全等要求。

2. 基本要求

2.1 职业道德

2.1.1 职业道德基本知识

2.1.2 职业守则

（1）爱岗敬业，忠于职守。

（2）按章操作，确保安全。

（3）认真负责，诚实守信。

（4）遵规守纪，着装规范。

（5）团结协作，相互尊重。

（6）节约成本，降耗增效。

（7）保护环境，文明生产。

（8）不断学习，努力创新。

2.2 基础知识

2.1 基本理论知识

（1）电工学基础知识。

（2）电子学基础知识。

（3）计算机应用基础知识。

（4）机械制图基础知识。

（5）化学分析基础知识。

（6）环境保护知识。

（7）化工工艺知识。

（8）误差理论知识。

2.2.2 专业理论知识

（1）过程检测仪表知识。

（2）过程控制仪表知识。

（3）自动控制系统知识。

2.2.3 安全及环境保护知识

（1）防火、防爆、防腐蚀、防静电、防中毒知识。

（2）安全技术规程。

（3）环保基础知识。

（4）废水、废气、废渣的性质、处理方法和排放标准。

（5）压力容器的操作安全知识。

（6）高温高压、有毒有害、易燃易爆、冷冻剂等特殊介质的特性及安全知识。

（7）现场急救知识。

2.2.4 消防知识

（1）物料危险性及特点。

（2）灭火的基本原理及方法。

（3）常用灭火设备及器具的性能和使用方法。

2.2.5 相关法律、法规知识

（1）劳动法相关知识。

（2）计量法相关知识。

（3）职业病防治法相关知识。

（4）安全生产法及化工安全生产法规相关知识。

（5）化学危险品管理条例相关知识。

3. 工作要求

本标准对初级、中级、高级、技师和高级技师的知识和技能要求依次递进，高级别涵盖低级别的要求。

3.1 初级

职业功能	工作内容	技能要求	相关知识
一、化工仪表维修	（一）维修前的准备	1. 能识读带控制点的工艺流程图； 2. 能识读自控仪表外部接线图； 3. 能根据仪表维护需要选用工具、器具； 4. 能根据仪表维护需要选用标准仪器； 5. 能根据仪表维护需要选用所需材料	1. 工艺生产过程和设备基本知识； 2. 自控仪表图例符号的表示与含义； 3. 标准仪器的使用方法及注意事项； 4. 工具、器具的使用方法及注意事项； 5. 仪表常用材料的基本知识
	（二）使用与维护	1. 能按仪表操作规程使用和维护压力、温度、流量、液位等仪表； 2. 能对现场仪表进行防冻、防腐、防泄漏处理	1. 化工仪表操作规程； 2. 仪表防冻、防腐、防泄漏处理方法
	（三）检修与投入运行	1. 能对压力、温度、流量、液位等仪表进行检修和调试； 2. 能对压力、温度、流量、液位等仪表投入运行； 3. 能进行误差计算	1. 压力、温度、流量、液位等仪表的检修知识； 2. 压力、温度、流量、液位等仪表投入运行的规程

续表

职业功能	工作内容	技能要求	相关知识
二、化工 分析仪表 维修	（一）维修 前的准备	1．能识读带控制点的工艺流程图； 2．能识读分析仪表供电、供气原理图； 3．能识读本岗位在线分析系统结构框图及接线图； 4．能识读可燃气体报警器、有毒气体报警器、火灾报警检测器分布图； 5．能根据维修需要选用标准仪表、工具、器具和材料	1．工艺生产过程和设备基本知识； 2．自控仪表图例相关知识； 3．标准仪表的使用方法及注意事项； 4．工具、器具的使用方法及注意事项； 5．化学试剂的物性知识、使用方法及安全注意事项
	（二）使用 与维护	1．能使用和维护酸度计、电导仪等分析仪表； 2．能使用和维护可燃气体报警器； 3．能使用万用表、兆欧表等测试仪表； 4．能对酸度计、电导仪等在线分析仪表进行防冻、防腐、防泄漏处理	1．酸度计、电导仪等分析仪表的工作原理及使用方法； 2．可燃气体报警器的工作原理及使用方法； 3．万用表、兆欧表等测试仪表的工作原理及使用方法； 4．酸度计、电导仪等在线分析仪表的防冻、防腐、防泄漏处理方法
	（三）检修 与投入运行	1．能对酸度计、电导仪等分析仪器进行检修、调试及投入运行； 2．能计算酸度计、电导仪等分析仪器测量误差； 3．能进行计量单位换算	1．酸度计、电导仪等分析仪器及可燃气体报警器的检修规程； 2．酸度计、电导仪等分析仪器和可燃气体报警器的调试及投入运行方法； 3．仪表测量误差知识； 4．计量单位及换算知识
	（四）故障 判断与处理	1．能判断和处理酸度计、电导仪等分析仪器的故障； 2．能判断酸度计、电导仪电极的使用情况； 3．能判断和处理可燃气体报警器的故障	1．酸度计、电导仪等分析仪器的故障寻找及排除方法； 2．酸度计、电导仪电极结构知识； 3．可燃气体报警器的故障判断及处理方法

3.2 中级

职业功能	工作内容	技能要求	相关知识
一、化工 仪表维修	（一）维修 前的准备	1．能识读仪表及自控系统原理图； 2．能识读仪表管件接头等零件加工图	1．自动控制系统的组成及功能； 2．机械加工基本知识
	（二）使用 与维护	1．能使用和维护智能仪表； 2．能使用和维护单回路控制系统	1．智能仪表基本知识； 2．仪表及自动控制系统的使用注意事项和防护措施

职业功能	工作内容	技能要求	相关知识
一、化工仪表维修	（三）检修与投入运行	1．能对单回路控制系统进行检修和投入运行； 2．能进行信号报警联锁系统的解除与投入运行	1．单回路控制系统仪表的检修规程； 2．信号报警联锁系统基本知识
	（四）故障判断与处理	1．能判断和排除正在运行的压力、温度、流量、液位等仪表的故障； 2．能根据仪表记录数据或曲线等信息判断事故的原因； 3．能排除仪表供电、供气故障； 4．能处理生产过程中单回路控制系统出现的故障	1．压力、温度、流量、液位等仪表的工作原理； 2．仪表故障原因的分析方法； 3．仪表电源、气源要求； 4．单回路控制系统知识
二、化工分析仪表维修	（一）维修前的准备	1．能识读自动控制系统原理图； 2．能识读在线分析系统及可燃气体报警器回路图； 3．能识读单流路预处理系统原理图	1．自动控制系统的组成及功能； 2．在线分析系统及可燃气体报警器回路图的识读方法； 3．单流路样品预处理系统知识
	（二）使用与维护	1．能使用和维护红外线分析仪、氧分析仪、微量水分析仪等分析仪表； 2．能使用和维护有毒气体报警器； 3．能使用和维护单流路预处理系统； 4．能使用标准信号发生器、频率发生器等测试仪表； 5．能识读分析仪表发出的报警信息	1．红外线分析仪、氧分析仪、微量水分析仪等分析仪表的工作原理及使用方法； 2．有毒气体报警器的工作原理及使用方法； 3．单流路预处理系统的维护知识； 4．标准信号发生器、频率发生器等测试仪表的使用方法
	（三）检修、调试与投入运行	1．能对红外线分析仪、氧分析仪、微量水分析仪等分析仪表进行检修、调试及投入运行； 2．能对有毒气体报警器进行检修、调试及投入运行； 3．能对单流路预处理系统进行检修、调试及投入运行	1．红外线分析仪、氧分析仪、微量水分析仪等分析仪表的检修规程； 2．有毒气体报警器的检修规程； 3．单流路预处理系统的检修规程
	（四）故障判断与处理	1．能判断和处理红外线分析仪、氧分析仪、微量水分析仪等分析仪表的故障； 2．能判断和处理有毒气体报警器的故障； 3．能判断和处理单流路预处理系统的故障	1．红外线分析仪、氧分析仪、微量水分析仪等分析仪表的故障判断及处理方法； 2．有毒气体报警器的故障判断及处理方法； 3．单流路预处理系统的故障判断及处理方法

3.3 高级

职业功能	工作内容	技能要求	相关知识
一、化工仪表维修	（一）维修前的准备	1. 能识读自动化仪表工程施工图； 2. 能识读与仪表有关的机械设备装配图； 3. 能根据仪表维护需要自制安装检修用的专用工具； 4. 能根据仪表维护需要选用适用的材料及配件	1. 自动化仪表施工及验收技术规范； 2. 与仪表有关的机械设备装配知识； 3. 检修工具的制作方法； 4. 材料、配件的性能及使用知识
	（二）使用与维护	1. 能对串级、比值、均匀、分程、选择、前馈等复杂控制系统进行维护； 2. 能对计算机控制系统的各类卡件进行维护； 3. 能对智能仪表进行参数设置与维护	1. 串级、比值、均匀、分程、选择、前馈等复杂控制系统的维护知识； 2. 计算机控制系统卡件知识； 3. 智能仪表操作方法
	（三）检修与投入运行	1. 能对串级、比值、均匀、分程、选择、前馈等控制系统进行检修和投入运行； 2. 能对信号报警联锁系统进行调试	1. 串级、比值、均匀、分程、选择、前馈等控制系统仪表的检修规程； 2. 信号报警联锁系统的逻辑控制知识
	（四）故障判断与处理	1. 能判断和排除串级、比值、均匀、分程、选择、前馈等复杂控制系统出现的故障； 2. 能利用计算机控制系统操作站上的相关信息分析事故原因并进行故障处理	1. 串级、比值、均匀、分程、选择、前馈等复杂控制系统的故障判断与处理方法； 2. 计算机控制系统的基本知识
二、化工分析仪表维修	（一）维修前的准备	1. 能识读自动化仪表工程施工图； 2. 能识读与仪表有关的机械设备装配图； 3. 能根据工作要求自制安装检修用的专用工具； 4. 能根据工作要求选用适用的材料及配件	1. 自动化仪表施工及验收技术规范； 2. 分析仪表有关的机械设备装配知识； 3. 材料、配件的性能及使用知识
	（二）使用与维护	1. 能使用和维护气相色谱仪等分析仪表及其外围设备； 2. 能使用和维护可燃气体报警等系统； 3. 能维护多流路样品预处理系统	1. 气相色谱仪等分析仪表及其外围设备的工作原理及使用方法； 2. 可燃气体报警等系统知识； 3. 多流路样品预处理系统知识
	（三）检修、调试与投入运行	1. 能对气相色谱仪等分析仪器及其外围设备进行检修、调试及投入运行； 2. 能对可燃气体报警等系统进行检修、调试及投入运行； 3. 多流路样品预处理系统进行检修、调试及投入运行	1. 气相色谱仪等分析仪器及其外围设备的检修规程； 2. 可燃气体报警等系统的检修规程； 3. 多流路样品预处理系统的检修规程
	（四）故障判断与处理	1. 能判断和处理气相色谱仪及其外围设备的故障； 2. 能判断和处理可燃气体报警等系统的故障； 3. 能判断和处理多流路预处理系统的故障	1. 气相色谱仪等分析仪器及其外围设备的故障判断与处理方法； 2. 可燃气体报警等系统的故障判断与处理方法； 3. 多流路预处理系统的故障判断与处理方法

3.4 技师

职业功能	工作内容	技能要求	相关知识
一、化工仪表维修	（一）使用与维护	1. 能根据化工工艺要求对控制系统的参数进行整定； 2. 能使用和维护紧急停车系统； 3. 能对输入输出点数在 2000 点以下的计算机控制系统进行维护	1. 控制系统参数整定知识； 2. 紧急停车系统的基本知识； 3. 计算机控制系统的基本原理
	（二）检修与投入运行	1. 能对 I/O 点数在 2000 点以下的控制系统进行检修，投入运行； 2. 能对紧急停车系统进行调试	1. 计算机控制系统的检修规程； 2. 化工工艺操作规程
	（三）故障判断与处理	1. 能判断和处理计算机控制系统的故障； 2. 能判断和处理紧急停车系统的故障	1. 计算机控制系统的故障排除方法； 2. 紧急停车系统的故障排除方法
二、化工分析仪表维修	（一）使用与维护	1. 能使用和维护质谱仪、分析仪表工作站、在线密度计等分析仪表； 2. 能编制在线分析成套系统的维护规程	1. 质谱仪、分析仪表工作站、在线密度计等分析仪表的工作原理； 2. 维护规程编写标准规范知识
	（二）检修与投入运行	1. 能对在线分析仪表工作站、在线密度计等进行检修、调试及投入运行； 2. 能对在线分析成套系统进行拆卸、清洗、组装、调试和投入运行	1. 在线分析仪表工作站、在线密度计等系统的维修规程； 2. 在线分析成套系统的检修知识
	（三）故障判断与处理	1. 能判断和处理在线分析仪表工作站、在线密度计等分析系统的故障； 2. 能利用计算机控制系统及分析仪表的相关信息判断并处理故障。	1. 在线分析仪表工作站、在线密度计等系统的故障判断与处理方法； 2. 计算机控制系统及分析仪表的故障信息知识
三、管理	（一）质量管理	1. 能组织开展质量攻关； 2. 能组织相关人员进行协同作业	相关的计量、质量标准和技术规范
	（二）生产管理	能组织相关岗位进行协同作业	生产管理基本知识
四、培训与指导	（一）理论培训	1. 能撰写生产技术总结； 2. 能对本职业初级、中级、高级操作人员进行理论培训	1. 技术总结撰写知识； 2. 职业技能培训教学方法
	（二）操作指导	1. 能传授特有操作技能和经验； 2. 能对本职业初级、中级、高级操作人员进行现场操作指导	

3.5 高级技师

职业功能	工作内容	技能要求	相关知识
一、化工仪表维修	（一）使用与维护	1. 能对计算机控制系统进行维护； 2. 能对计算机控制系统进行组态； 3. 能进行技改项目的自动控制系统改造方案的设计和仪表选型	1. 计算机控制系统组态知识； 2. 自控设计基本知识

续表

职业功能	工作内容	技能要求	相关知识
一、化工仪表维修	（二）检修、调试与投入运行	1. 能调试多变量耦合等先进控制系统并投入运行； 2. 能对机电一体化控制系统进行检修与投入运行	1. 多变量耦合等先进控制系统知识； 2. 机电一体化基本知识
	（三）故障判断与处理	1. 能对计算机控制系统网络的故障进行判断和处理； 2. 能对因控制系统引起的生产装置的非正常停车进行紧急处理	1. 计算机控制系统网络的故障判断和处理方法； 2. 化工生产过程的基本知识
二、化工分析仪表维修	（一）故障判断与处理	1. 能对因分析仪表引起的生产装置的非正常停车进行紧急处理，恢复正常生产； 2. 能对分析仪表通信故障进行判断和处理	1. 化工工艺操作规程； 2. 分析仪表通信故障的判断和处理方法
	（二）检修与投入运行	1. 能对带控制及联锁的在线分析系统进行检修、调试及投入运行； 2. 能判断在线分析仪表系统在运行中引起误差的原因	1. 仪表控制、报警、联锁与工艺过程的关系； 2. 在线分析仪表系统的误差知识
三、管理	（一）质量管理	1. 能制定各项质量标准； 2. 能制定质量管理方法和提出改进措施； 3. 能按质量管理体系要求指导工作	1. 质量分析与控制方法； 2. 质量管理体系的相关知识
	（二）生产管理	1. 能协助编制生产计划、调度计划； 2. 能协助进行人员的管理； 3. 能组织实施本装置的技术改进措施项目	1. 生产计划的编制方法和基本知识； 2. 项目技术改造措施实施的相关知识
	（三）技术改进	1. 能编写工艺、设备的改进方案； 2. 能参与重大控制方案的审定	1. 工艺、设备改进方案的编写要求； 2. 控制方案的编写知识
四、培训与指导	（一）理论培训	1. 能撰写技术文章； 2. 能编写培训大纲	1. 技术文章撰写知识； 2. 培训计划、教学大纲的编写知识； 3. 本职业的理论及实践操作知识
	（二）操作指导	1. 能对技师进行现场指导； 2. 能系统讲授本职业的主要知识	

4. 比重表

4.1 理论知识

项目		初级（%）	中级（%）	高级（%）	技师（%）	高级技师(%)
基本要求	职业道德	5	5	5	5	5
	基础知识	25	25	25	15	10

项　目		初级（%）	中级（%）	高级（%）	技师（%）	高级技师（%）
相关知识	检修前的准备	20	15	5	—	—
	使用与维护	30	25	22	15	10
	故障判断与处理	10	15	23	35	40
	检修与投入运行	10	15	20	20	24
	培训与指导	—	—	—	6	6
	管理	—	—	—	4	5
	合计	100	100	100	100	100

4.2 操作技能

项　目		初级（%）	中级（%）	高级（%）	技师（%）	高级技师（%）
技能要求	检修前的准备	20	20	15	—	—
	使用与维护	60	50	30	20	15
	故障判断与处理	10	15	25	40	40
	检修与投入运行	10	15	30	30	32
	培训与指导	—	—	—	6	7
	管理	—	—	—	4	6
	合计	100	100	100	100	100